能源植物发展潜力遥感信息获取与评价

庄大方 江东 刘磊 著

U0312960

气象出版社
China Meteorological Press

内容简介

基于能源植物的生物能源将在未来的能源供应中占据越来越重要的地位。近年来能源植物越来越为人们所关注。充分合理地利用宜能边际土地资源，适度发展高产能源作物，开发生物质液体燃料，是应对化石能源枯竭和发展替代能源的有效途径。近年来对能源植物资源潜力及空间分布的评价已成为本领域的研究热点。我国由于耕地资源极其有限，因此必须依赖边际土地来发展生物能源。

本书介绍了能源植物发展的背景、需求和国内外研究进展；分析了能源植物发展潜力遥感信息获取的技术方法；重点阐述了在遥感、GIS 技术支持下，充分考虑能源植物规模化开发利用的自然限制要素和社会经济限制要素，构建多要素综合评估模型的技术思路，包括土地资源潜力、净能量潜力和净环境效益。以我国全国和重点区域为例，估算了发展主要能源植物的土地资源规模、分布及发展的潜力，为政府制定产业政策和相关科学研究提供了基础数据支持。

图书在版编目(CIP)数据

能源植物发展潜力遥感信息获取与评价/庄大方，江东，刘磊著.
北京：气象出版社，2013.6
ISBN 978-7-5029-5731-5

Ⅰ.①能…　Ⅱ.①庄…　②江…　③刘…　Ⅲ.①遥感技术-应用-
生物能源-植物-信息获取　②遥感技术-应用-生物能源-植物-信息
技术-评价　Ⅳ.①S56-39

中国版本图书馆 CIP 数据核字(2013)第 124827 号

出版发行：气象出版社			
地　　址：北京市海淀区中关村南大街 46 号		邮政编码：100081	
总 编 室：010-68407112		发 行 部：010-68409198	
网　　址：http://www.cmp.cma.gov.cn		**E-mail**：qxcbs@cma.gov.cn	
责任编辑：简学东		终　　审：章澄昌	
封面设计：博雅思企划		责任技编：吴庭芳	
印　　刷：北京中新伟业印刷有限公司			
开　　本：787×1092　1/16		印　　张：8.25	
字　　数：220 千字		彩　　插：22	
版　　次：2013 年 6 月第 1 版		印　　次：2013 年 6 月第 1 次印刷	
定　　价：35.00 元			

前　言

　　生物能源是指通过生物的活动,将生物质、水或其他无机物转化为沼气、氢气等可燃气体或乙醇、油脂类可燃液体为载体的能源。生物能源具有安全环保、来源广泛及用途广等优点,成为最有希望的石油替代能源之一,是仅次于煤炭、石油和天然气而居于世界能源消费总量第四位的能源,在整个能源系统中占有重要地位,在煤炭、石油和天然气等不可再生能源日益枯竭的当今,作为可再生能源的生物质能源将在全球经济社会发展中起着越来越重要的作用。以植物为主的再生生物质能源受到有关国际机构、政府或非政府组织及科学界的高度关注,直接能代替石油的烃类和油脂类植物的开发利用,已成为当今国际上的一大热点。我国也同样面临着不可再生能源短缺的巨大挑战,能源资源短缺问题已成为关系到国家安全和发展的全局性问题。加强可再生生物质能源的研发与生产是我国能源可持续发展的重要战略之一,当前的重要任务之一是根据我国国情,选择适合各地区不同环境条件的能源植物,遵循并坚持"不与粮争地,不与人争粮"的原则,最大效率地利用宜能边际土地资源,开展能源植物的规模化种植。

　　充分合理地利用宜能边际土地资源,适度发展高产能源作物,开发生物质液体燃料,是应对化石能源枯竭和发展替代能源的有效途径。近年来对能源植物资源潜力及空间分布的评价已成为本领域的研究热点。中国科学院资源环境科学数据中心在国家相关科研项目支持下,在能源植物数据获取与信息分析等方面开展了大量的研发工作。本书凝练近年来的系列研究成果,在国内外可再生能源遥感应用理论方法最新成果的基础上,以我国主要能源植物为研究对象,分析能源植物的生态适宜性特征,在遥感、GIS技术支持下,充分考虑能源植物规模化开发利用的自然限制要素和社会经济限制要素,构建了多要素综合评估模型,估算了中国适宜不同能源植物生长的边际土地资源规模、分布及发展生物柴油的潜力,为政府制定产业政策和相关科学研究提供了基础数据支持。

　　本书的研究内容涵盖了能源植物规模化开发利用遥感应用各个关键环节,形成了能源植物发展潜力遥感信息获取与评价的完整的技术体系,同时以大量翔实的应用实例,既阐述了理论方法的精度和合理性,同时为广大业务应用部门的技术人员提供了可参照的技术方法,具有很强的针对性和实用性。

　　本书由以下几部分组成:前言主要对本书形成的背景进行了简要介绍,由庄大方撰写;第一章主要介绍了能源植物发展潜力研究进展,由庄大方撰写;第二章阐述了能源植物发展关键要素的遥感信息获取方法,主要由江东撰写;第三章详细叙述了能源植物发展的土地资源潜力分析与评价,由黄耀欢、路璐、付晶莹、郝蒙蒙撰写;第四章全面介绍了能源植物规模化发展的净能源和环境效益分析,由刘磊、徐新良、于信芳撰写;第五章介绍了能源植物规模化发展潜力综合分析,并提供了多尺度的应用案例,由王亚欣、刘磊、傅新宇撰写。庄大方研究员还承担了全书总体思路和体例的设计、指导工作。

新一代对地观测技术支持下的能源植物资源潜力及空间分布研究是一个新颖而充满挑战的领域,国内外在该领域的积淀相对薄弱,受问题复杂性、时间和作者水平的限制,书中所描述的难免会有许多片面、疏漏之处,希望能在广大读者的帮助下不断改进。

作　者
2013 年 3 月

目　　录

第 1 章　能源植物发展潜力研究进展

1.1　能源植物开发利用的需求分析

生物能源是指通过生物的活动,将生物质、水或其他无机物转化为沼气、氢气等可燃气体或乙醇、油脂类可燃液体为载体的能源。目前,生物制氢、乙醇发酵、生物柴油和沼气发酵是生物能源转化的重要途径。生物能源具有安全环保、来源广泛及用途广等优点,成为最有希望的石油替代能源之一。面对日益严峻的能源资源、能源环境和能源安全形势,世界各国在调整本国能源发展战略中,将高效开发利用生物能源摆在了重要地位,制定了相应的研究开发计划,如美国的能源农场、日本的新阳光计划、印度的绿色能源工程和巴西的乙醇能源计划等。目前,生物质能是仅次于煤炭、石油和天然气而居于世界能源消费总量第四位的能源,在整个能源系统中占有重要地位,在煤炭、石油和天然气等不可再生能源日益枯竭的当今,作为可再生能源的生物质能源将在全球经济社会发展中起着越来越重要的作用。以植物为主的再生生物质能源目前受到有关国际机构、政府或非政府组织以及科学界的高度关注,直接能代替石油的烃类和油脂类植物的开发利用已成为当今国际上的一大热点。我国也同样面临着不可再生能源短缺的巨大挑战,能源资源短缺问题已成为关系到国家安全和发展的全局性问题。加强可再生生物质能源的研发与生产是我国能源可持续发展重要战略之一,而开展能源植物的规模化种植,是我国生物质能源发展的前提。根据我国国情,选择适合各地区不同环境条件的能源植物,坚持"不与粮争地,不与人争粮",必须最大效率地利用宜能边际土地资源,开展能源植物的规模化种植。

利用非耕地、盐碱地等边际土地种植能源植物是我国生物质能源产业发展的一条重要途径。目前,我国水土流失面积占国土面积的 37%,森林覆盖率为 16.55%,低于世界 29.6% 的平均水平,且林龄结构不合理,生态系统的服务功能较低。"十五"期间社会经济快速发展,加之农业结构调整,全国耕地面积净减少 616.0 万 hm^2,年均净减少耕地 123.2 万 hm^2。同时,我国却有近 1 亿 hm^2 的荒山荒地及边际土地没有得到有效利用。面对人口众多、人均耕地面积少的现状,坚持"不与民争粮,不与粮争地"是我国生物质能源产业发展的基本原则,开发利用非耕地、盐碱地等边际土地资源,并结合生态恢复开发能源植物,是由我国国情所决定的能源植物产业发展的根本策略。

我国生物质资源非常丰富,但利用率却十分低下,而且主要作为初级能源在农村被利用,生物质能利用效率还有很大的提升空间。因此,通过对我国已有规模化种植的重要能源植物如甜高粱、麻疯树、油桐树等规模化种植的水土光热条件需求、自然生态环境影响、经济和能源效益进行综合评价,对土地开发利用进行合理规划,尽可能利用边际土地资源,在此基础上探索具有全面可持续性的能源植物高效种植基地发展模式,促进我国能源植物产业健康持续发展,具有广阔的应用前景。

持续、稳定的能源资源供应是国家建立新能源规划、相关企业投资建厂的基础,针对国家大规模发展生物质能资源等新能源的迫切需求,亟须对能源资源空间分布及开发潜力进行高精度的评估,建立长时间序列、多空间分辨率且标准化的清洁能源资源分布及开发潜力数据集,为生物能源资源开发利用发展规划提供科学数据支持。虽然目前国内已有一些部门开展了清洁能源潜力的研究,但这些数据大多分布在各个部门,数据在内容、格式和类型上不一致,限制了其在政府规划决策、企业选址等方面的应用。因此,亟需对这些数据进行标准化处理、集成、整合,以实现数据的增值,为各类用户提供信息服务。

能源分布具有时间和空间上的分异性。利用遥感和地理信息系统技术对能源植物资源分布状况和发展潜力进行信息获取和分析,获得中国潜在生物质能资源空间分布及开发潜力数据,从而可以为不同用户需求提供相应的数据,包括为可再生能源产业的进一步发展和可再生能源产业链的进一步完善提供数据支持,还可以为可再生能源资源开发优化、高精度选址提供新方法。

由于国家对可再生能源的重视,一些地方和部门争先恐后地发展和种植能源植物,一方面对推动生物质能的发展具有积极的意义,但同时存在一定的盲目性,缺乏系统的生态环境及经济效益、能源性状的评估,并将影响生物质能源产业的健康发展,部分专家及产业界人士甚至提出了盲目开发生物质能源将导致新的环保灾难的观点。我国的土地荒漠化、水土流失、污染等问题十分严重,开发培育适合的能源作物,有效地利用退化、退耕和不宜农荒地,如在西部干旱地区发展多年生草本能源作物、在丘陵山地栽植多年生木本油料作物,这都能有效地减轻土壤侵蚀、防止水土流失,在发展我国生物质能源产业的同时,对改善我国的生态环境也具有极为重要的意义。

中国是世界生物能源主要生产国之一,2011 年生物液体燃料总产量居世界第五位[1]。中国政府在 20 世纪 90 年代便启动了一系列生物液体燃料技术研发项目,到 21 世纪初期,政府投资 50 亿元,建立了 4 家以陈化粮为主要原料的燃料乙醇加工厂。随后又相继颁布了《可再生能源法》,用以指导我国生物液体燃料产业发展。由于我国耕地资源稀缺这一国情,以粮食作物发展生物能源并不现实,因此国家发改委于 2009 年编制了《可再生能源中长期发展规划》,明确了我国生物能源发展以黄连木、麻疯树、木薯、菊芋等非粮作物为主。根据《可再生能源中长期发展规划》制定的到 2020 年生物质液体燃料的发展目标,国家将发展以非粮生物质为原料的液体燃料,到 2020 年,形成年替代 1000 万吨石油的能力。因此,开发新的可再生能源以替代化石能源是我国社会可持续发展的重大需求。

然而,虽然我国政府已经制定了生物液体燃料发展规划并开始着手实施,各省也都纷纷制定各自的生物液体燃料发展目标,各地都开始着手建立原料基地,生物液体燃料生产厂也纷纷上马,但对于生物能源的原料供给潜力却存在很大的不确定性,主要表现在我国到底有多少土地资源可用于发展,这些土地资源的质量、目前的利用状况及分布情况如何等问题尚不明确。其中存在的主要问题为:①生物液体燃料生命周期的能源效率和环境效应如何;②发展生物液体燃料造成的土地利用变化对环境的影响状况如何;③发展生物液体燃料对环境的综合影响如何;④如何最优利用现有土地资源潜力发展生物液体燃料。这些问题都是目前亟须解决的问题。

因此,为了促进我国生物能源产业科学、持续地发展,本研究在分析现阶段存在的问题的基础上,重点针对目前最为重要的如下两个方面的科学问题进行研究:①宜能边际土地资源界定标准制定、我国宜能边际土地资源潜力及空间分布;②我国主要能源植物的适宜性及发展潜力。

1.2　能源植物开发利用的国内外现状

目前,生物液体燃料产业发展迅速,相关研究急剧增加,重点关注的领域包括生物液体燃料发展的能量替代潜力、规模化发展的环境效应及可持续发展模式等。本章首先分析生物液体燃料迅速发展的原因;然后对生物液体燃料相关研究进行回顾;对国内外生物液体燃料发展现状及相关政策进行分析;最后,对已有研究存在的亟须解决的问题进行分析。

1.2.1　生物液体燃料产业迅速发展的原因

生物液体燃料是生物质能源的重要组成部分,主要包括燃料乙醇和生物柴油两种形式,是目前最主要的交通替代能源。燃料乙醇是指通过发酵和糖转化等加工程序,将原料中的淀粉、纤维素等物质转化为乙醇而获得的燃料,它可以直接用于石油的添加剂或与汽油混合使用;生物柴油则主要是指通过酯交换等方法将原料中的油脂转化为脂肪酸甲酯而获得的燃料,它可与普通柴油混合或单独作为燃料使用[2]。

根据生物液体燃料生产所采用的原料与技术不同,又可以分为第 1 代、第 1.5 代和第 2 代生物液体燃料。其中,第 1 代生物液体燃料主要是指以玉米等粮食作物为原料生产的生物液体燃料,目前技术较成熟[3]。第 1.5 代生物液体燃料主要是指以麻疯树、黄连木、光皮树、文冠果、木薯等非粮作物为原料所生产的生物液体燃料,包括林业生物柴油和燃料乙醇,其生产技术相对较成熟,同时其发展对社会经济与环境等方面产生的负面影响更小[2]。第 2 代生物液体燃料主要是指以纤维素(林业、农作物残余)和"工程海藻"等为原料所生产的生物液体燃料,其可以减少净碳排放、增加能源利用效率,目前该技术尚处于实验室研究阶段[3]。

近年来,与气候变化相关的环境问题、化石能源日渐枯竭、石油价格上涨及国家能源安全等问题的日益加剧,使得生物液体燃料的重要性日益凸显。推动生物液体燃料产业在全球范围内迅速发展的原因主要有以下几点。

(1)减少温室气体排放。气候变化是各国共同面临的严峻挑战,不仅对大多数自然生态系统带来了威胁,而且严重影响人类生活[4,5]。研究表明,大气中 85% 的硫、75% 的二氧化碳来源于化石燃料的燃烧[6]。而交通运输所排放的温室气体约占温室气体总量的 21%[3]。减少化石能源消耗所产生的温室气体已成为各国实现减排目标的重要手段。

(2)满足能源需求。能源是世界经济的命脉和社会发展的动力,也是现代社会赖以生存和发展的基础,全球不断增加的能源需求已成为 21 世纪人类社会发展所面临的重大挑战。自19 世纪以来,以石油、煤和天然气为主体的化石燃料为世界提供了约 90% 的能源,随着世界经济和人类文明不断发展,对能源的需求日益增加,传统的化石能源的储量渐近枯竭。生物液体燃料作为生物质能源重要的组成部分,日益受到有关国际机构、政府或非政府组织及科学界的高度关注,其开发利用已成为当今国际上的一大热点[5,7-9]。

(3)保障国家能源安全。随着全球经济的快速发展,各国对石油的需求量逐年增加,不可再生能源短缺的压力越来越大。全球石油价格从 2004 年的每桶 40 美元迅速增长到 2007 年底的每桶近 100 美元,到 2008 年上半年甚至达到每桶近 140 美元,虽然到 2010 年受金融危机等多种因素影响回落到每桶 80 美元左右,但总体仍保持在较高的价格水平。同时,盛产石油的中东是世界上最不稳定的地区之一。因此,发展新型能源不但对我国国民经济的发展有重要的推动作用,而且已成为我国国家安全必须考虑的问题[8]。

1.2.2　全球生物液体燃料发展现状

进入 21 世纪,由于石油价格的持续攀升,生物液体燃料产业在全球迅速兴起。美国和巴西是世界上最大的燃料乙醇生产国,其中美国以玉米为主要原料,巴西以甘蔗为主要原料;欧盟是生物柴油的最大生产商,以油菜籽为主要生产原料。同时,虽然第 2 代生物液体燃料还未开始商业化生产,但欧盟、美国、加拿大及中国、印度、泰国等国家都投资进行了相关研究并建立生产厂进行试验生产[10]。

图 1-1 和图 1-2 分别为全球生物液体燃料(包括燃料乙醇和生物柴油)发展动态和 2009 年世界主要国家和地区生物液体燃料产量情况。

由图 1-1 可得出,全球生物液体燃料发展具有以下特点。

(1)进入 21 世纪以来,由于石油价格的持续上涨,生物液体燃料飞速发展,特别是 2004 年之后,燃料乙醇和生物柴油的发展速度都明显提升。2000 年,全球燃料乙醇和生物柴油生产总量分别为 180 亿升和 9 亿升,到 2009 年,全球燃料乙醇和生物柴油产量分别达到 760 亿升和 170 亿升,年均增长分别为 64.4 亿升和 17.9 亿升,年均增长率分别为 17.4% 和 38.6%;2004—2009 年期间,全球燃料乙醇和生物柴油的年均增长量分别为 90 亿升和 29.8 亿升,年均增长率分别为 19.6% 和 51.9%。数据表明,受国际石油危机影响,2004 年之后全球生物液体燃料产业发展明显提速。

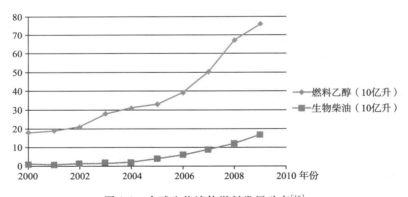

图 1-1　全球生物液体燃料发展动态[10]

(2)燃料乙醇发展规模大于生物柴油,但生物柴油发展速度更快。2000 年全球燃料乙醇生产总量为 180 亿升,而生物柴油产量仅 9 亿升。到 2009 年,全球燃料乙醇和生物柴油产量分别为 760 亿升和 170 亿升,分别占全球生物液体燃料总产量的 81.7% 和 18.3%[10]。虽然绝对产量上生物柴油远少于燃料乙醇,但生物柴油相对增长速度要快于燃料乙醇。2000—2009 年全球燃料乙醇年增长率为 17.4%,而生物柴油年增长率为 38.6%,特别是 2004 年之后,燃料乙醇的年增长率为 19.6%,生物柴油的年增长率达到 51.9%。

同时,由于现有的燃料乙醇产业主要以玉米和甘蔗为原料,在很大程度上受国际粮食安全的影响,由于国际粮食价格和蔗糖价格的大幅上涨,未来的生物液体燃料发展将以非粮食为原料为主。

从全球生物液体燃料生产的地区分布来看,美国和巴西仍是最主要的燃料乙醇生产国,而欧盟则是生物柴油的生产中心(图 1-2)。2009 年全球燃料乙醇总产量为 760 亿升,其中美国和巴西两国的产量分别为 410 亿升和 260 亿升,占全球总产量的 53.9% 和 34.2%;2009 年全球生物柴油总产量为 170 亿升,欧盟的产量为 89 亿升,占全球总产量的 52.4%,美国的生物柴油产量为 21 亿升,占全球总产量的 12.4%。

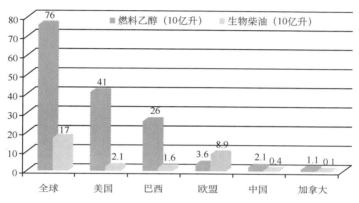

图 1-2　2009 年全球主要国家和地区生物液体燃料产量[10]

我国的生物液体燃料产业在近年也快速发展,燃料乙醇由 2005 年的 10 亿升增长到 2009 年的 21 亿升,生物柴油则由 2006 年的 0.7 亿升增长到 2009 年的 4 亿升(图 1-3)。同时,我国还制定了相应的生物液体燃料发展规划,在未来几年我国的生物液体燃料产业规模还将迅速扩大。

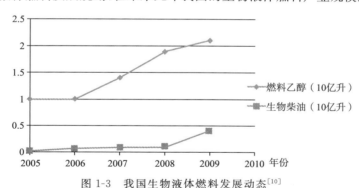

图 1-3　我国生物液体燃料发展动态[10]

1.2.3　生物液体燃料发展相关研究现状

受石油价格上涨等多种因素影响,近几年生物液体燃料相关研究快速发展,相关文献主要围绕生物液体燃料原料作物生物学特性及作物培育技术、生物液体燃料的提炼技术与理化性状分析、生物液体燃料的燃烧与排放试验、生物液体燃料发展的理论潜力分析等方向开展。而针对生物液体燃料发展所适宜的土地潜力、生命周期净环境效应等方面的实证研究较少,对生物液体燃料发展的净能量生产潜力等的研究也几乎处于空白。本小节将分别针对生物液体燃料的两大组成部分——林业生物柴油和生物燃料乙醇进行介绍,重点对其发展相关的研究进行回顾。

1.2.3.1　林业生物柴油发展相关研究

1)林业生物柴油原料选择与培育相关研究

(1)国外相关研究

美国加利福尼亚大学化学博士卡尔文在巴西发现,利用苦配巴树生产的生物柴油可以直接在柴油机上使用,之后他于1986年在加利福尼亚州种植了大面积的石油植物获得成功,由此在全球掀起了一股开发研究石油植物的浪潮[11]。

经研究发现,有多达数百种树种可用于生产生物柴油,黄连木、麻疯树、棕榈树、绿玉树、续随子、光皮树、文冠果、油桐等树种由于种籽含油率高,具有较好的开发利用前景。其中,被认为最具发展潜力的原料树种为黄连木和麻疯树[2,8,11]。

麻疯树(Jatropha curcas)又名黄肿树、芙蓉树、亮桐等,为大戟科麻疯树属植物,主要分布于热带和亚热带地区,种植面积广,资源非常丰富,具有较强的环境适应性,被称为"生态先锋树种",具有广泛的开发利用前景[12]。麻疯树原产于南美洲热带地区,大致适宜分布范围为30°N～35°S,非洲的莫桑比克、赞比亚等国,美洲的巴西、斐济、洪都拉斯、牙买加、巴拿马、波多黎各、萨尔瓦多及美国佛罗里达的奥兰多地区,澳大利亚的昆士兰及北澳地区,以及亚洲的印度、巴基斯坦都有分布,其中以非洲、东南亚热带干旱地区分布最为集中。在我国主要集中分布于广东、广西、云南、四川、贵州、台湾、海南等省区[12]。麻疯树树高2～5 m,结实期为20～30年,种籽含油率30%～40%,植株含有毒蛋白,近年来发现其种子还有显著的抗癌活性,且在工业用油、生物病虫害防治、新药开发等方面也有着潜在的应用价值[2,11,12]。对麻疯树的开发最早始于20世纪80年代,由德国技术合作公司(GTZ)、联合国开发计划署(UNDP)、联合国工业发展组织(UNIDO)等组织机构在马里、坦桑尼亚、津巴布韦等非洲国家开展了"麻疯树综合开发计划(Jatropha System)"[2]。据Openshaw,津巴布韦农业研究机构(Agricultural Research Trust,ART)已经对不同品种、无毒麻疯树的生物学特性及副产品综合利用进行了研究[13]。很多学者都针对麻疯树的生物学特性、种籽含油率、综合利用价值等方面进行了系统分析,为麻疯树资源利用提供了指导[13,14]。

黄连木(Pistacia chinensis)属漆树科黄连木属,为木本油料及用材树种,种籽含油率在40%以上。黄连木分布广,耐干旱、盐碱、贫瘠,适宜性强[8]。国外学者对黄连木研究较少。Dunn等对黄连木的生长特性及培育技术进行了研究[15]。

(2)国内相关研究

我国能源油料作物十分丰富。我国现已查明的能源油料植物(种子植物)种类为151科697属1553种,占全国种子植物的5%;其中油脂植物138科1174种。虽然我国含油植物种类丰富、分布范围广、适应性强,但在地区分布上差异亦很大,可用作建立规模化生物质燃料油原料基地的乔灌木种却不足30种,分布集中成片可建作原料基地,并能利用荒山、沙地等宜林地进行造林建立起规模化的良种供应基地的生物质燃料油植物则仅有10种左右。其中,麻疯树、黄连木、文冠果、光皮树、续随子等树种由于开发前景较好,被列为我国林业生物柴油重点原料树种[2,8]。

我国的林业生物柴油研究、试验始于20世纪80年代。从20世纪80年代初开始,中国科学院昆明植物研究所、四川省林业科学研究院、湖南省林业科学研究院等单位相继开展了林业生物柴油原料树种资源调查、人工种植试验、生物柴油加工及应用等试验,对主要油料树种引种、栽培、生物柴油制备等关键技术进行了研究,为今后的研究奠定了基础[2]。进入 21 世纪,随着林业生物柴油产业的不断升温,林业生物柴油相关研究也逐渐深入。2005 年,由中国林业科学研究院王涛院士领导的团队完成了对我国主要林业生物柴油原料树种资源及其分布情况的调查,基本查明了我国主要生物柴油原料树种的分布、生物学特性及利用潜力[8]。2006 年,云南省林业厅完成了云南省麻疯树种质资源和土地资源潜力调查,并对优良品种进行了初步选育[2]。

另外,国内许多研究机构也开始对我国主要林业生物柴油原料树种进行研究,取得了很多有益的成果。许多学者对黄连木、麻疯树等树种在我国的地理分布及生境特征进行了分析,为能源林种植区划奠定了基础[16-21]。更多的学者集中对原料树种的栽培、选育进行了研究[22-25]。2006 年,广西宇鑫生物科技有限公司成功培育出“优选 3 号”麻疯树品种,该品种具有适应性广、生命力强、生长迅速,当年移栽便可以开花结果、一年可开花结果 5 次以上,高产、高油等特点。四川大学也选育出了两个麻疯树油料品种——高油 1 号和高毒 1 号,中国科学院西双版纳热带植物园成功培育出麻疯树变异新品种皱叶黑膏桐[2]。同时,也有学者从基因转化角度研究了麻疯树品种改良,为今后良种优选、规模化种植提供了基础[26]。

2)林业生物柴油加工技术及其应用相关研究

(1)国外相关研究

早在 1896 年德国热机工程师 Rudolph Diesel 便以花生油为燃料经 10 多年反复试验,试制成功压力点火内燃机——柴油机[27,28]。然而由于植物油黏度较高,易导致发动机故障,便逐渐被矿物燃料柴油(diesel fuel)所取代。但柴油却也存在很多问题,如柴油机尾气含有过量的有毒气体和颗粒,包括硫、挥发性有机化合物、氮的氧化物和煤烟等[28]。真正的生物柴油开发与利用研究到 20 世界 80 年代才开始,由于受第一次石油危机影响,世界各国纷纷开展替代能源的研究,生物柴油的提炼技术也越来越受重视[27]。最初的试验通常是将生物柴油直接使用或与常规柴油混合使用,由于生物柴油黏度高,易导致发动机故障[28]。

通过研究发现,将生物柴油转化成其脂类,液体黏度大大降低,可以提高燃料的性能。很多学者对生物柴油生产流程,以及以橡胶树、麻疯树、大豆等为原料作物生产的生物柴油中含有的游离脂肪酸含量、处理后含量、能源转化效率等进行了系统分析,其中酯化法生产生物柴油是目前研究最多的方法[14,29,30]。还有学者对麻疯树属的几种树种或不同国家和地区的麻疯树生产的生物柴油的成分进行了比较[31,32]。以酯化法生产的生物柴油,可以直接在现有的柴油机上使用,生物柴油的质量能达到欧洲 EN14214 标准,而且其排放特性要优于普通化石柴油。

国外很多企业也开始实施生物柴油商业化生产,例如,2003 年德国 Daimler Chrysler 公司投资 170 万欧元,用于印度“麻疯树生物柴油发展计划”的相关研究与开发;2003 年,英国 D1 oil 生物柴油公司与埃及政府合作,在埃及种植近 5000 hm² 麻疯树,发展生物柴油生产;2007 年,英国 NRG Chemical Engineering Pte 公司与菲律宾国家石油公司签订了 13 亿美元的合资合同,准备建立一个生物柴油加工厂和两个生物乙醇加工厂,发展生物柴油和生物乙醇生产[2]。

(2)国内相关研究

我国学者最早在 20 世纪 80 年代便开始尝试用生物柴油替代化石柴油在小型柴油机上进行燃烧试验[33,34]。

　　进入 21 世纪,随着生物柴油相关研究的升温,我国学者也开始着手生物柴油加工技术的研究。目前,主要的生物柴油生产方法共有 4 种:直接使用或与常规柴油混合、微乳法、热解法、酯化法,其中酯化法又分为使用催化剂和不使用催化剂两种,详见表 1-1。目前,国内学者研究最多的是酯化法[35-40]。

表 1-1　生物柴油的生产方法比较[28]

原料	生产方法	优缺点
植物油	直接使用或与常规柴油混合	优点:液态、轻便,可再生,热值高
		缺点:高黏度、易变质、不完全燃烧
植物油	微乳	有助于充分燃烧,可与其他方法结合使用
植物油和动物脂肪	热解	高温下进行,需要常规的化学催化剂,反应产物难以控制,设备昂贵
植物油或动物脂肪和醇类	碱催化的酯交换反应	高附加值副产物甘油,反应速率比酸催化快;但剩余碱时有皂生成,堵塞管道,需进行后处理,工艺流程相对复杂
	酸催化的酯交换反应	油脂中游离脂肪酸和水的含量高时催化效果比碱好,原料价格相对低廉;但催化速度慢,且需要过量的醇,影响催化剂和产品的分离、纯化
	脂肪酶催化的酯交换反应	游离脂肪酸和水的含量对反应无影响,相对清洁;但酶价格偏高,且易失活,反应时间较长
	超临界反应酯化	改善了酯交换反应中的流体传质和反应动力学性能,避免了游离脂肪酸和水分的影响,同时极大地缩短了反应时间;但反应条件相对苛刻,且高温高压本身能耗过大

　　有学者对微波和超声波诱导萃取技术、超临界萃取技术进行了研究[41,42],也有学者对溶剂浸取法和微生物发酵法进行了研究[43,44],这些研究为更好地开发利用国内现有的油料资源及改进萃取麻疯树籽油技术提供了有益的参考。

　　由于目前制取的生物柴油在 40℃时动力黏度为 4～6,黏度仍然偏高,必然对燃料的流动性能有影响,且燃烧中积炭及润滑油污染问题难以解决[45]。因此,已有学者着手研究柴油降凝剂和乙醇对生物柴油低温流动性的影响,结果表明,BJN-B 降凝剂和乙醇能够有效降低黄连木生物柴油的凝点、倾点和冷滤点[46]。

　　同时,我国还通过引进国外技术的方式建立生物柴油生产企业,推动生物柴油产业化发展。据不完全统计,我国生物柴油产量按厂家设计规模已达 300 万吨以上,具体厂家见表 1-2。随着这些企业的建成投产,标志着我国生物柴油产业迈入了商业化发展时期。国家税务总局关于生物柴油征收消费税问题的批复(2006 年 12 月 6 日国税函[2006]1183 号),根据《汽油、柴油消费税征收范围注释》(国税发[1998]192 号)的规定,对这些企业实行免税的鼓励政策。然而,与设计规模相比,我国生物柴油的实际生产能力要逊色很多,估计年产不超过 20 万吨,主要是受原料供给限制较大[47]。

表 1-2　生物柴油生产厂家及设计规模[47]

生物柴油生产厂家	设计规模(10^4 t/a)
福建龙岩卓越新能源发展有限公司	5
江苏清江生物能源公司	75
安徽国风生物能源公司	60
甘肃华城公司	50

续表

生物柴油生产厂家	设计规模(10^4 t/a)
天宏(通辽)生物能源科技有限公司	50
江苏南通奥地利碧路生物能源生产贸易有限公司	25
洛阳天昌生物工程有限公司	10
无锡华宏生物燃料有限公司	10
四川中海油基地公司	10
四川古杉油脂化学有限公司	17
河北中天明公司	10
河北东安实业有限公司	10
呼伦贝尔金骄生物质化工有限公司	5
海南正和生物能源有限公司	4
江苏强林生物能源公司	3
贵州中水能源发展有限公司	2

另外,国家为了推动生物柴油生产技术的发展,先后启动了一系列科研项目,如2004年科技部高新技术和产业化司启动的"十五"国家科技攻关计划"生物燃料油技术开发"项目、2005年启动的国家863项目"生物能源技术开发与产业化"项目、2008年启动的"西南地区麻疯树良种选育与规模化培育综合利用关键技术研究与示范"项目,这些项目的开展极大地推动了我国生物柴油生产加工技术的发展。

1.2.3.2 燃料乙醇发展相关研究

1)燃料乙醇原料选择与培育相关研究

(1)国外相关研究

巴西是世界上最早开发燃料乙醇的国家,也是目前该产业发展最为成熟的国家。作为一个贫油国家,巴西不但在全国范围内供应车用乙醇汽油,而且又成功地将乙醇燃料应用于航空领域。巴西自然条件优越,甘蔗资源丰富,燃料乙醇生产主要以甘蔗为原料。同时,巴西也在积极探索利用植物纤维素生产燃料乙醇的新技术。

作为全球最大的燃料乙醇生产与使用国,美国的燃料乙醇生产原料主要为转基因玉米(95%),也有少量的小麦和大麦(约5%),所消耗的玉米占全美国玉米总产量的7%～8%。随着燃料乙醇生产量的提高及国际粮价上涨的影响,美国也在积极探索利用纤维素生产燃料乙醇。加拿大也是世界上主要的燃料乙醇生产国,其生产原料主要为玉米(85%)和小麦(15%)[48]。

在欧洲,生产燃料乙醇的原料主要为小麦和甜菜。有关资料表明,欧盟以小麦为原料生产燃料乙醇的成本为0.75～1.27美元/L,以甜菜为原料生产燃料乙醇的成本为0.83～1.22美元/L。

目前,由于受国际粮价上涨影响,各国纷纷加紧寻找非粮燃料乙醇原料,主要以经济作物类(如木薯、甜高粱、甘蔗等)和木质纤维素(如植物的茎叶、农作物秸秆、林业剩余物等)为主。目前,发展经济类作物存在的主要问题是品种单一、种性退化较严重、单产量低,需要进一步改进种植技术,提高单产量。而利用木质纤维素生产燃料乙醇目前面临着技术不成熟的问题,因此成本较高。

(2)国内相关研究

我国开始开发使用燃料乙醇的探索始于 2000 年。国内燃料乙醇的生产主要以玉米、小麦等粮食淀粉为原料,存在生产成本高、原料供应有限等问题,特别是随着燃料乙醇在国内大力推广使用,使得陈化粮库存骤减,同时市场上玉米、小麦等粮食价格上涨,燃料乙醇的生产成本越来越高,粮食乙醇路线受到质疑。

2006 年国家发改委紧急叫停以粮食为原料的燃料乙醇生产项目,转向以非粮作物为原料的燃料乙醇生产。在我国生物质产业"十一五"发展规划中,国家发改委把甜高粱、木薯、菊芋列为我国燃料乙醇发展的能源植物,对这些能源作物的研究也迅速升温。国内很多学者都对这些能源作物的生物学性状、栽培技术、产量等进行了相关研究[49-53]。也有学者对利用马铃薯生产燃料乙醇的可行性进行了研究,拓宽了燃料乙醇的原料源[54]。

另外,国家还启动了一系列项目,支持科研院所开展相关研究。中国科学院大连化学物理研究所成立专门研究组,承担了中国科学院知识创新工程重要方向项目"果糖基能源植物——菊芋为原料的生物炼制关键技术研究",联合复旦大学、南京农业大学等科研院所,共同研究菊芋的适应性、品种优选、基地建设、生物炼制技术。天津大学石化中心的科研团队多年来开展了燃料乙醇原料多元化、关键工艺、大型装备以及过程集成与强化的研究工作;经过一系列科技攻关工作,突破了制约我国燃料乙醇产业发展的关键技术难题,在技术创新上实现了跨越式发展,形成了具有自主知识产权的木薯燃料乙醇成套技术。

2)燃料乙醇加工技术及应用相关研究

(1)国外相关研究

巴西是世界上最早开始燃料乙醇生产技术研究的国家,世界上第 1 个燃料乙醇项目——ProAlcool 于 1975 年诞生在巴西。1975 年为了实现能源自给,巴西政府在全国推行了"燃料酒精计划"。"燃料酒精计划"的目标是:第一步,将酒精掺入汽油中,变成汽油醇,在全国范围内使用;第二步,将轻型车改为酒精燃料车。利用甘蔗生产燃料乙醇的方法主要有:酶解同步发酵法、糖能联产模式等。目前,巴西普遍应用美国 ARKEL 公司加以改进的蔗汁发酵工艺,11.67 t 甘蔗可生产 1 t 乙醇,即每吨甘蔗可生产 85.7 公升乙醇[55]。

用玉米为原料,利用淀粉酶得到葡萄糖,再利用酵母菌萃取乙醇,已进入商业应用。从玉米中萃取乙醇分湿法和干法,湿法的副产品有面筋粉、黄浆饲料、玉米油、CO_2、添加剂、维生素等;干法的副产品有酒糟、CO_2、玉米胚芽、纤维。

以含纤维素生物质为原料生产燃料乙醇一般要经历原料预处理、纤维素水解和发酵环节。目前,比较接近实用化的纤维素制燃料乙醇工艺主要有美国 NREL、加拿大 Iogen、日本 NEDO 公司 3 种代表性工艺技术[56]。

(2)国内相关研究

我国真正开始开发使用燃料乙醇的探索始于 2000 年。经国务院批准,原国家计委于 2001 年 4 月 17 日发布实施车用汽油添加燃料乙醇的决定,同时,国家质量监督检验总局颁布了《变性燃料乙醇(GB18350—2001)》和《乙醇汽油(GB18351—2001)》的国家标准,为我国进一步推广使用变性燃料乙醇提供了规范。2002 年我国开始在河南省 3 地市和黑龙江省 2 地市试点推广乙醇汽油,到 2004 年已经扩大到黑龙江、吉林、辽宁、河南、安徽 5 省的全省范围和湖北省 9 地市、山东省 7 地市、江苏省 5 地市、河北省 6 地市。

目前,中国生物燃料乙醇生产技术取得了长足的进步,华东理工大学从"八五"期间就开始研究农林弃物生产燃料乙醇技术,先后承担了国家"八五"、"九五"、"十五"科技攻关项目与"863"计划项目,目前已经建成 600 t/a 的酸水解法纤维乙醇生产中试装置,并通过了科技部的鉴定。2006 年,山东泽生生物科技公司宣布首创秸秆无污染爆破技术,并在固态菌种发酵方面有了突破,即将建成 3000 t/a 的纤维素乙醇示范工程。中国生物燃料已经具备了工业化的条件,黑龙江、吉林、辽宁、河南、安徽 5 省及湖北、河北、山东、江苏省的部分地区已基本实现车用乙醇汽油替代普通无铅汽油。2006 年,中国燃料乙醇的产量达到 144 万 t,成为世界第三大燃料乙醇生产国,燃料乙醇的前景非常广阔。

广西中粮"年产 20 万吨木薯燃料乙醇生产示范工程"是我国"十一五"批准的第一家以非粮作物为原料生产燃料乙醇产品的示范工程,也是目前世界上单套规模最大的木薯燃料乙醇生产装置。该工程装置总投资额为 75256 万元人民币,于 2007 年 12 月一次投料试车成功。从 2008 年 3 月至 2009 年 8 月,该示范装置累计生产燃料乙醇 24.7 万 t,相当于加工约 100 万 t 原油的汽油产量,新增产值 16.5 亿元,农民增收 3.55 亿元。

我国已自主开发了以甜高粱茎秆为原料生产燃料乙醇的技术(称为甜高粱乙醇),并已在黑龙江、内蒙古、山东、新疆和天津等地开展了甜高粱的种植及燃料乙醇生产试点,黑龙江省试验项目已达到年产乙醇 5000t。国内已在黑龙江省、内蒙古自治区、新疆维吾尔自治区、辽宁省和山东省等地建立了甜高粱种植、甜高粱茎秆制取燃料乙醇加工基地。

1.3　能源植物发展潜力的研究动态

1.3.1　生物液体燃料规模化发展对经济、环境的影响研究

发展生物液体燃料产业对社会经济、环境的影响是目前国际社会普遍关注的焦点,许多学者都在开展相关的研究工作[2]。

生物液体燃料发展对农产品价格、粮食安全、增加农民收入、增加就业、消除贫困等社会经济层面的影响,是各国目前最为关注的问题,这一问题也将直接影响生物液体燃料产业的发展。国内外学者针对这一问题从不同视角开展了相关研究。

有学者通过分析巴西"燃料酒精计划"对经济、社会和环境的影响,认为巴西生产的甘蔗酒精不但解决了能源问题,每年能为巴西节省 42 亿美元,同时还可以增加 100 万个直接就业岗位,并带动一大批相关产业,有效减少温室气体排放[57]。还有学者通过对生物液体燃料发展动力的分析,认为该产业可以减少对石油的依赖、保障能源安全、增加就业机会、提高石油的动力性能及降低温室气体排放等[48]。之后很多学者分别从定性和定量的角度对生物液体燃料产业的发展对农产品价格、农业生产结构、土地利用结构、粮食安全、国际贸易、收入分配等产生的影响进行了研究[58]。目前,就发展生物液体燃料产业会推动全球农产品价格上涨这一结论已得到了各界的普遍认同。部分学者还认为该产业的不合理发展会对粮食安全特别是贫困粮食进口国家的粮食安全构成威胁,因此发展以粮食为原料的生物液体燃料产业应谨慎。

发展生物液体燃料对环境的影响问题也存在较大争议。发展生物液体燃料的主要动因便是减少温室气体排放,然而对于其综合环境影响却存在很大的不确定性。一些学者认为,对于生产生物液体燃料所造成的土地利用模式变化及相应的温室气体排放影响存在争议,已有研究通常未考虑由于生物能源植物种植导致的土地利用变化所造成的温室气体排放增加,如果

考虑土地利用模式变化造成的影响,发展生物液体燃料将对环境造成负面影响[59,60]。然而,根据美国能源部最新调查结果显示,上述研究中的一些假设存在明显的问题,如上述研究中假设到 2015 年每年生产 300 亿加仑①玉米生物乙醇,而根据能源独立与安全法案(Energy Independence and Security Act of 2007,EISA)到 2015 年仅计划生产 15 亿加仑玉米乙醇;研究中还假定发展生物能源将大量砍伐森林,而在规划中大部分森林都并未被列入,仅将疏林地、稀疏灌丛、稀疏草地、滩涂、裸土地等作为主体;而针对大量占用耕地的假设也是不正确的,因为发展生物能源不会占用耕地。

对于生产过程中的净能量平衡问题,研究表明,以粮食为原料生产生物乙醇产生的能量比生产过程中所投入的能量多 25%,而生物柴油则多 93%[61]。利用柳枝稷(Switch grass)生产的生物乙醇比投入的不可再生能源多出 540%[62],体现了第二代生物液体燃料的巨大优势。而对于发展生物液体燃料会增加还是减少温室气体排放的问题也同样存在争议,根据学者们的研究,相比传统化石燃料,利用不同的生物质能源和工艺生产生物乙醇和生物柴油可以减少 12%～125% 的温室气体排放[61,63]。其中,利用玉米为原料生产生物乙醇平均可以减少 13% 的温室气体排放,而随着技术的进步,第二代生物液体燃料可以更大程度地减少温室气体排放[64]。研究表明,利用柳枝稷生产生物乙醇替代化石汽油可以减少 94% 的温室气体排放[62]。发展生物液体燃料对土壤健康的影响也存在争议。有学者认为肥沃的土地会被过度利用,而边际性土地都较脆弱,若集约性种植一种能源植物使得土地容易受到侵蚀,将作物完全收获使地表裸露会增加土壤侵蚀风险[65]。一些学者认为,第二代生物液体燃料能源作物可以在贫瘠的土地上生长而不对土壤质量造成影响,也可以通过轮作和提高管理防止土壤退化[66]。发展生物液体燃料产业还会对生物多样性造成影响。一些学者认为,通过科学规划可以避免对生物多样性造成破坏,采用第二代生物液体燃料能源植物(适合当地条件的能源植物),并采用混合间作的方式可以增加生物多样性[66]。

综上所述,生物液体燃料产业发展对经济、社会与环境的影响目前还存在很多争议。因此,许多国家开始重新审视未来生物液体燃料发展战略,探索对经济社会与环境负面影响较小的生物液体燃料发展战略。如欧盟决定推迟实施"到 2020 年生物液体燃料替代 10% 交通能源的发展目标",美国政府要求对生物液体燃料发展开展可持续性评估与监测[2]。目前,许多发达国家正在致力于研发第二代生物液体燃料生产、加工技术。

1.3.2　生物液体燃料发展土地资源适宜性研究现状

对于生物液体燃料产业,原料生产成本占生物液体燃料总成本的 70%～88%[2,67],因此,原料供给潜力与成本是决定整个生物液体燃料产业发展潜力与经济可行性的关键环节[2],而原料供给主要取决于可用于发展生物液体燃料的土地资源潜力和能源作物单产水平。国内外很多研究机构和企业都在加紧培育优选、高产、适应性强的能源作物品种。本节主要针对发展生物液体燃料的土地资源潜力的相关研究进行综述。总体上看,目前针对发展生物液体燃料的土地资源潜力的研究更多的停留在理论探讨与定性分析层面,实证研究较少。

(1)国外研究现状

国外很多组织和学者都根据本国能源利用现状及土地资源的特点进行了相关研究,取得

---

①　1 加仑≈3.785 L。

了很多成果。Marten 早在 1982 年就认为土地的可获得性是评价生物能源发展潜力的关键因素，而且还要从种植能源植物对环境的影响考虑。并对夏威夷岛的降水、土壤、高程等数据进行叠置，获得种植桉属（Eucalyptus）的土地适宜性，并对种植的环境影响进行预测、评价[68]。随后相关研究便陷入了停滞阶段，直到 21 世纪，随着国际石油价格的升高及生物能源产业的兴起，相关研究才重新活跃起来。

印度学者较早地将遥感方法引入生物能源发展研究，并对生物能源发展与粮食安全的矛盾进行了分析，研究利用荒地发展生物能源的可行性，同时还分析了各种限制条件[69,70]。

国际期刊《生物质与生物能源》（《Biomass and Bioenergy》）为了促进生物能源研究成果的交流，推动各国生物能源研究的发展，在 2003 年出版了《可持续发展生物能源》专刊，印度、中国、菲律宾等国学者都将本国的生物能源研究、发展现状在该刊物上展示[69,71,72]。这也极大地推动了生物能源研究的发展，各国学者更加重视生物能源土地资源适宜性的研究，相关的研究在全球范围内迅速兴起。

Elauria 等利用全球土地利用数据和 IMAGE 模型对全球可用于种植能源植物的土地进行估算并经进行长期预测，同时兼顾了粮食安全，对 3 个影响因素——生物燃料转换技术、生物质后备因素和农业废料的可得性进行了讨论[72]。

对各国家和地区生物液体燃料发展土地资源适宜性的研究也与日俱增。学者利用 GIS 技术及相应模型对澳大利亚墨累河流域生物能源发展土地资源适宜性进行了研究，并对能源植物种植对区域与全球尺度环境所带来的影响进行评价[73,74]。英国学者利用 GIS 技术对英国适宜发展生物液体燃料的土地资源进行研究，为政府开展能源植物种植提供了依据[75,76]。Sasaki 等利用国际粮农组织（FAO）全球森林资源数据建立模型，对东南亚各国 1990—2020 年间木质生物质和生物能源生产潜力进行了估算，并对其对该区生态环境敏感度进行了分析，计算了 1990—2020 年间木质生物能源替代化石能源碳排放减少的数量[77]。

非洲 COMPETE 组织（Competence Platform on Energy Crop and Agroforestry Systems for Arid and Semi-arid Ecosystems-Africa）旨在推动非洲干旱、半干旱地区生物能源发展，为生物能源可持续供给提供政策交流、能力建设及途径的平台，在增加非洲农村地区人民收入的同时保护干旱、半干旱地区的生态环境。该组织于 2008 年组织专家对非洲位于干旱半干旱地区的 8 个国家（博茨瓦纳、布基纳法索、肯尼亚、马里、塞内加尔、南非、坦桑尼亚、赞比亚）土地进行生物能源种植适宜性评价，制作了这 8 个国家的土地资源生物能源种植适宜性图，为这些国家在干旱半干旱地区发展能源植物提供了理论指导[78]。另外，也有学者在分析了传统家庭燃料对作物残余物的使用造成部分土地贫瘠的情况后，认为在土壤退化的土地上种植能源作物（如麻疯树、水黄皮）是一个双赢的策略：土壤得到充分恢复并且土壤的一些具体问题都会减轻，通过生产生物燃料可以减少温室气体排放，同时提高粮食安全[79]。

（2）国内研究现状

国内也有学者从土地资源潜力的角度思考我国的生物能源发展问题。有学者通过研究认为，我国不应走发达国家的老路，应该根据我国国情制定相应的生物能源发展战略。指出根据我国山地丘陵多这一特点，结合退耕还林工程，我国应重点发展木本生物柴油原料林，这类油料植物具有野生性、耐旱、耐贫瘠，还具有一次栽植、多年受益的特性，经济效益可观，对调整中国农村产业结构、提高人民生活水平等都具有不可低估的作用[11,80]。一些学者采用基于 GIS 的方法对荒地资源的宜耕、宜园和宜林性进行土地适宜性评价，为土地资源潜力研究提供了借鉴[81]。更多学者基于定性分析的角度分析了我国部分地区开展生物能源开发的土地资源潜力[82-84]。

　　国家对宜能边际土地开发利用也非常重视,2007 年农业部制定了"生物质液体燃料专用能源作物边际土地资源调查评价方案",为边际土地资源的开发利用和能源植物的规模化种植奠定了政策基础[85]。这项工作在 2008 年获得了初步成果,调查表明,我国(目前仅 1845 个县(市、区)数据)的宜能边际土地总量为 3420 万 hm²,其中:宜能冬闲田约 740 万 hm²,宜能荒地约 2680 万 hm²,在宜能荒地中,一等宜能荒地 433.33 万 hm²,占 16.2%;二等宜能荒地 873.33 万 hm²,占 32.6%;三等宜能荒地 1373.33 万 hm²,占 51.2%[85]。还有很多学者根据林业部门的林业清查数据估算我国"边际土地"的规模,并估算可以生产的生物液体燃料数量[86-90]。也有学者利用遥感数据进行相关研究。王芳等[91]利用基于 BIOME-BGC 模型改进的 MOD17A2/A3 数据和 TM 数据对广东省生物质能总量及空间格局进行估算和分析,根据生物质能可用部分的影响因素,建立可用生物质能决策模型,为广东省这一能源消耗量大省在生物质能的有效利用方面提供了依据。这些学者 2009 年利用 TM/ETM＋数据解译提取疏林地、灌木林地、天然草地和未利用地等边际土地后,选取影响能源作物种植的边际土地的自身性状和整理难易程度等 5 类因素建立指标体系,利用熵权模糊综合评判模型,把广东省宜能边际土地开发潜力分成高、中、低和极低 4 个级别,对广东省宜能边际土地的开发潜力进行了研究[92]。

　　魏云洁等从政策的角度进行研究,利用 DLS 模型,在中国的 9 个土地利用分区上分析了栅格水平上土地利用变化的机理,通过设定土地利用时空格局变化的不同情景来模拟基准情景和发展生物能源政策情景下各土地利用分区 2010—2025 年土地利用时空格局变化,综合分析各种影响因素对各种土地类型之间相互竞争及其在空间分配上的演替规律的影响[93]。吴伟光等以土地利用数据、气象数据和土壤数据为主要数据源,结合麻疯树生长对气候、土壤与坡度等因素的要求,采用农业生态区法和社会经济因素限制法,对中国麻疯树发展的重要区域(云南、四川、贵州)麻疯树种植的土地适宜性进行评价,认为我国具有一定的种植麻疯树的潜力,但适宜的土地数量与政府制定的麻疯树种植面积发展规划与目标还存在一定的差距[2]。

　　综上所述,我国学者对宜能土地资源研究已有一定的基础,但也存在一些问题。特别是根据针对典型能源植物生境特征评价适宜的土地资源适宜性的研究较少,而且针对能源植物种植对土壤、环境造成的影响的研究相对滞后,也没有研究考虑发展生物液体燃料导致的土地利用变化所产生的环境影响等问题,这也间接制约了我国生物液体燃料产业的发展。因此,本书根据典型生物液体燃料能源植物的生境特征选取我国西南五省区作为研究区进行研究,分析该区发展生物液体燃料产业的土地资源潜力、适宜性,同时对其发展可能对土壤、环境产生的影响进行研究。

　　随着全球生物液体燃料产业的兴起,相关研究开始增多,总的来说,目前针对生物液体燃料的已有研究的特点是:"技术研究多,经济、环境研究少;定性分析多,定量分析少"。研究内容与研究方法都存在很多不足,导致研究结论存在很多争议。

　　通过分析、总结现有研究,我们认为还存在以下不足:

　　(1)已有研究大多是从宏观层面探讨以玉米等作物为原料的传统生物液体燃料发展的潜力及可能对经济社会和环境造成的影响,对发展生物液体燃料的原料生产潜力及其环境影响等方面的实证研究较少。

（2）目前，国内外对生物液体燃料发展对环境的影响及产能潜力的研究还主要以定性分析为主，定量研究较少，缺少用于评价发展生物液体燃料的环境影响及产能潜力的相应模型。

为此，本书在现有研究的基础上，在国家相关科研项目支持下，总结中国科学院资源环境科学数据中心近年来的研究成果，选择生物液体燃料产业为研究对象，选取我国主要生物液体燃料能源作物，根据其生物学特性，对原料生产环节所涉及的土地资源潜力进行研究；根据能源作物生命周期内能量平衡及对环境的影响建立生物液体燃料生命周期净能量平衡模型和生物液体燃料生命周期净碳平衡模型，对发展生物液体燃料的产能潜力及可能产生的环境影响进行定量研究；综合考虑政策、产能及环境影响，探讨我国生物液体燃料可持续发展模式。

第 2 章　能源植物发展关键要素的遥感信息获取

2.1　能源植物发展的环境要素分析

能源植物开发利用的环境要素包括土地资源及光、温、水热条件等。进行适宜生物能源作物发展的土地资源潜力研究需要综合考虑自然条件、土地利用格局、经济条件及国家相关政策等因素,因此研究所需的数据包括基础地理数据、自然背景数据和各种社会经济、法规数据。其中,基础地理数据又包括了土地利用数据和高程数据;自然背景数据包括气象数据和土壤数据。

2.1.1　基础地理数据

(1)土地利用数据

本研究采用的土地利用数据来自中国科学院资源环境科学数据中心的土地利用数据集,该数据集采用 Landsat 数据,利用全数字化、人机交互遥感信息提取与精度分析技术构建。该数据集包括了 6 个一级地类和 25 个二级地类[94],数据时间为 2005 年和 2010 年。

(2)高程数据

研究中采用的高程数据来自全国 1∶25 万数字高程模型,并基于该数据利用 GIS 软件进行相应处理,获得全国 1 km×1 km 格网的平均坡度信息。

2.1.2　自然背景数据

(1)气象数据

本研究采用的气象数据包括温度数据和水分条件数据,均来源于中国科学院资源环境科学数据中心格网系列数据集,其中,温度数据包括对作物生长影响较大的多年平均温度、极端最低温、≥0℃积温、≥10℃积温等;水分条件数据主要包括全国年平均降水分布数据、多年平均干燥度和多年平均湿润指数数据。

(2)土壤数据

根据第二次全国土壤普查(1979—1994 年)的资料《中国土壤》和《中国土种志》记录的1627 个土种典型剖面,利用 ArcGIS 对土壤剖面进行空间化,利用克里金(Kriging)插值算法,生成土层厚度、土壤有机质含量、土壤质地、土壤 pH 值等空间信息。

2.1.3　社会经济数据

国家相关政策、法规等社会经济因素都会对适宜生物能源作物发展的土地资源开发利用产生重要影响。因此,本研究除考虑影响能源植物种植的自然条件外,还综合考虑了国家天然林保护工程、退耕还林工程、全国草原保护建设利用总体规划等相关政策,对影响适宜生物能源作物发展的土地资源总量的社会经济条件进行综合分析。

本书所用的数据源包括土地利用数据、高程数据、气象数据、土壤数据和保护区数据等,如表 2-1 所示。

表 2-1　研究所使用的数据概况

数据名称	比例尺/分辨率	格式	时间	来源	说明
土地利用数据	1：10 万	矢量	2005 年、2010 年	RESDC	6 个一级类,25 个二级类
高程数据	1：25 万	栅格	无	RESDC	用于提取坡度信息
气象数据	1 km×1 km	栅格	1971—2000 年	RESDC	温度数据和水分数据
土壤数据	1 km×1 km	栅格	无	RESDC	土壤有效厚度、土壤有机质含量等
保护区数据	1：10 万	矢量	2000 年	RESDC	国家自然保护区范围

本书提出我国宜能边际土地资源界定标准、分等定级体系:根据我国土地利用现状及我国的自然条件,结合生物质能源植物的生物学特点,提出我国宜能边际土地资源界定标准,并选取影响边际土地资源利用的主要环境因子,如坡面坡度、土壤质地、有效土壤厚度、土壤盐碱化、降水、温度等因素进行分等定级。

表 2-2 为初步的我国宜能边际土地资源界定标准,具体的指标及获取方法有待在研究中逐步确定。

表 2-2　我国宜能边际土地资源界定标准

指标名称	说明
1. 土地利用类型	天然草地、疏林地、灌木林地、滩涂、滩地和可供利用的未利用地
2. 高程	根据能源植物制定
3. 坡面坡度	<25°
4. 土壤质地	根据能源植物制定
5. 有效土层厚度	北方地区,包括黄淮海地区、东北区、黄土高原区、西北干旱区、青藏高原区。要求土层厚≥30 cm
	南方区,包括华南、四川盆地和长江中下游区、云贵高原区。要求土层厚≥20 cm
6. 土壤盐碱化	根据能源植物制定
7. 水分条件	根据能源植物制定
8. 温度条件	根据能源植物制定

2.2　宜能边际土地资源遥感自动识别

遥感是当前获取大尺度、高时效性宜能边际土地资源时空数据的重要手段。遥感影像的分类是根据影像所具有的光谱特征,利用一定的数字图像处理方法并佐以经验性知识,提取有关土地利用与土地覆被信息的过程[95,96]。现今的研究方法主要包括目视解译定性分析法、监督分类法、非监督分类法、多元专家系统分类法[97]、人工智能神经元网络分类[98]、决策树分类法[99]等。其中,决策树分类法和人工智能神经元网络分类目前已应用于美国 EOS/MODIS 土地利用数据库建设中[100]。上述方法中,目视解译定性分析法被认为相对精确,然而其在大区域范围内耗费人力、物力较大,因此更新也较缓慢,抑制了其进一步的应用和发展;监督分类以及非监督分类等方法存在着一定的对解译分析人员的依赖性,从而很大程度上不具备可重复性的缺点;专家系统法受专家打分影响较大,具有一定的分类任意性缺点;决策树分类法虽然受到大力推广,但由于遥感影像对地物的光谱响应的时空差异性,人工参与的比重也较大,决策树构建是此类方法的一个瓶颈,从而造成自动化分类实施的困难。

本书以人工解译的历史 1∶10 万土地利用数据为本底,同时结合其他方法通过对遥感影像的变化区域监测,提出了一套基于规则土地利用分类模型算法,实现土地利用数据的遥感自动分类,在此基础上可进行宜能边际土地的归类工作。

2.2.1　数据说明与处理方法

本书采用的数据主要包括 1∶10 万土地利用数据和环境减灾小卫星遥感影像。2005 年 1∶10 万土地利用数据为中国科学院资源环境科学数据中心提供的分县矢量数据,分为 6 大类,包括耕地(代码:1),林地(代码:2),草地(代码:3),水域(代码:4),城乡、工矿、居民地(代码:5)及未利用地(代码:6)。其中,水域包括河渠、湖泊、水库坑塘、滩涂及滩地等;城乡、工矿、居民地包括城镇居民地、农村居民地及其他建设用地等。环境减灾小卫星影像包括 4 个波段(3 个可见光波段和 1 个红外波段)。处理方法如图 2-1 所示。

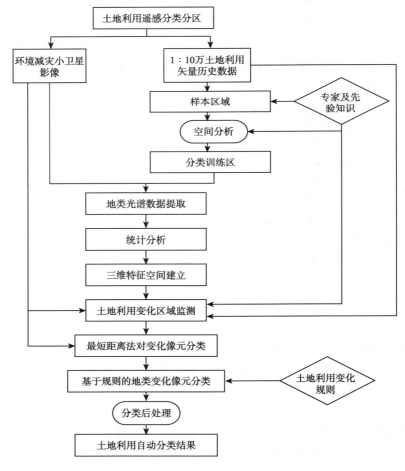

图 2-1　算法流程图

2.2.2　研究方法

本书介绍的基于规则的土地利用自动分类方法综合多种方法的优点,其主要基于以下 3 点假设:(1)历史土地利用精度较高,为标准的数据,与相应时期的遥感影像匹配性较好;(2)借鉴生态学的观点,各种不同土地利用类型的交界处为相应的脆弱区,也是土地利用变化的主要区域,而类型内部为相对稳定区,同时大斑块的土地利用数据的稳定性更强;(3)国家政策及相应措施的实施执行力很好,从而为制定土地利用变化分类制定规则提供依据。本书基于以上 3 点假设构建了基于规则的土地利用自动分类模型,采用的遥感影像为环境减灾小卫星数据,但需要说明的是,本算法并不局限于特定的影像,适用于各种多光谱遥感影像数据。此外,除去遥感影像完整性要求外,对时限性的要求不高,可应用于不同时期的数据,具有较高的时间分辨率。如图 2-1 所示,基于规则的土地利用自动分类算法主要分为以下几个步骤进行。

2.2.2.1　样本提取

与监督分类类似,本算法的基础是提取相应地类的纯净遥感影像,因此首先进行样本的提取。根据假设(1),在地理信息系统(GIS)的支持下将历史土地利用矢量数据按不同地类计算所有斑块的面积。将斑块面积按不同土地利用类型从高到低进行排序,按照假设(2)选取累加面积为 Pa 的斑块作为样本数据,计算公式如下所示:

$$Pa_i = \frac{\sum_{j=0}^{x} Ac_{ij}}{As_i} \tag{2-1}$$

式中:i 代表第 i 种土地利用类型;Pa_i 为第 i 类土地利用类型选取样本的阈值;$\sum_{j=0}^{x} Ac_{ij}$ 为第 i 类土地利用类型按面积从高到低排序要进行累加的面积;As_i 为研究区第 i 类土地利用类型的所有斑块面积和。通过确定 Pa 选取不同土地利用类型的样本矢量数据,通过实验分析 Pa 的范围在 $55\%\sim65\%$ 之间效果较佳。

2.2.2.2　分区训练区确定

随后根据选取的样本进行训练区的自动选取。依据假设(2),认为对于选取的大斑块样本,其变化区域主要发生在不同地类的交界处,也就为斑块的边界,内部地类较稳定。因此,对选取的样本在 GIS 的支持下向内进行空间缓冲区分析,由于不同斑块的面积不同,因此不能统一按照一个距离进行缓冲区分析,本算法对缓冲区距离的确定如下式所示:

$$P_{buffer} = \frac{Ab_d}{A}, d < 0 \tag{2-2}$$

式中:P_{buffer} 代表斑块缓冲区分析的阈值;Ab_d 为以距离 d 进行缓冲区分析的面积,其中 d 为负值;A 为斑块面积。对样本的每一个斑块都需要进行上式的缓冲区分析,从而确定距离 d,获得训练区。本公式可在 GIS 的支持下应用二分法实现。

2.2.2.3　三维特征空间的建立

在确定了训练区后,与监督分类类似,将其与近期的遥感影像进行叠加分析,提取相应的光谱数据,对于环境减灾小卫星数据来说,提取的光谱数据为 $(Di1,Di2,Di3,Di4)$ 4 个波段的矩阵。对于不同的土地利用类型,其响应的敏感波段是不同的,而且敏感程度也各有差别,因此不同地类进行统计分析确定相应的统计模型以确定其光谱响应分布特征。前人研究发现，相同的土地利用类型其光谱数据具有三维特征空间的集聚分布特征，因此对每一类土地利用类型的 4 波段光谱数据进行主成分分析，选取前 3 个主成分，从而实现三维的正交分解构建三维特征空间。训练区统计分析构建的三维特征空间模型如下式所示：

$$\sum_{j=1}^{3} \frac{(P_{ji} - MP_{ji})^2}{\sigma_{ji}^2} < c^2 \qquad (2-3)$$

式中：i 为第 i 类土地利用类型，P_{ji} 为第 i 类土地利用类型第 j 类主成分，MP_{ji} 为第 i 类土地利用类型第 j 类主成分的均值，σ_{ji} 为第 i 类土地利用类型第 j 类主成分的标准差。

2.2.2.4 土地利用变化区域监测

在建立各类土地利用数据特征空间后，将原始的历史土地利用数据与环境减灾小卫星遥感影像进行叠加，对于每类土地利用的光谱数据代入相应的特征空间模型进行计算，对于落入特征空间范围内的认为是不变像元，结果在空间外的被认为是变化像元。需要说明的是，特征空间只是建立了空间形状，而空间的大小需要根据不同地类进行确定。通过专家知识及先验知识确定变化的阈值，保证变化的像元数占相应地类像元总数在一定合理的范围之内。

2.2.2.5 变化像元自动分类

在确定了变化区域后，对每一个变化像元进行分类定向。首先将变化像元的光谱数据 3 个主成分作为基础数据代入特征空间中进行最短距离运算。计算公式如下所示：

$$\begin{cases} d_{mi} = \left(\sum_{j=1}^{3} \frac{(P_{jm} - MP_{ji})^2}{\sigma_{ji}^2} \right)/c_i^2 \\ \min(d_{mi}) \end{cases} \qquad (2-4)$$

式中：d_{mi} 为第 m 个变化像元距离对于第 i 类土地利用类型特征空间的三维欧式距离；P_{jm} 为第 m 个变化像元的第 j 主成分；MP_{ji} 为第 i 类土地利用类型的第 j 主成分的均值；c_i 为第 i 类土地利用类型的特征空间的参数值，通过变化区域判定获得。通过选取最小 d_{mi}，从而确定该变化像元的初次分类。

在初次分类结束，需要进行基于规则的变化像元分类的修正，依据假设（3）进行土地利用变化规则的制定，对于不同的区域在不同时期的土地利用变化规则是不同的，以上海市现阶段发展状况为例，耕地的变化是有一定限制的，从城镇居民地向耕地转化的可能性较小，这样在对于最短距离的判定过程中，如分类结果中城镇用地向耕地进行转换的阻力较大，同时需要考虑到急变的可能，因此对于所有的土地利用类型之间的转移建立阻力矩阵，确定最后的土地利用变化像元的基于规则的最短距离，从而实现变化像元的二次分类。基于规则的最短距离公式如下式所示：

$$dL_{mi} = \rho_{ij} \times d_{mi} \qquad (2-5)$$

式中：dL_{mi} 是第 m 个像元距离第 i 类土地利用特征空间的基于规则的最短距离；ρ_{ij} 是制定的规则中第 i 类土地利用类型向第 j 类土地利用类型转换的阻力系数；d_{mi} 为最初一次变化定向距离，如前式所示；i 为第 m 个像元在历史土地利用数据中的土地利用类型，需要说明的是，i 与 j 可能是一致的，即最终的结果是根据该算法计算的像元所属土地利用类型没有发生变化。

2.2.2.6　最终结果修正

在进行了基于规则的土地利用自动分类之后,就获得了基于环境小卫星遥感影像的土地利用自动分类的基本结果。然而在基于影像光谱数据的土地利用自动分类中,一个不可避免的问题就是离散的土地利用类型问题,即结果中有少数个别的像元与周围的土地利用类型不一致的现象,考虑到土地利用类型的社会属性,需要对最终结果进行分类后处理,保证地类的连续性以达最终的结果,对于不同土地利用类型中面积较小的斑块,依据溶蚀算法进行修正。

2.2.3　实例研究及结果验证

2.2.3.1　试验区介绍

为了验证算法结果的精度,本书选取了上海市青浦区作为试验区进行了算法精度验证。青浦区位于 120°53′～121°17′E,30°59′～31°16′N 之间。地处上海市西郊,总面积670.14 km²。该区地形起伏较小,高程介于−14～27 m,因此地形对该区土地利用类型变化影响不大。青浦区距上海市区中心 20 km,随着上海市城市化进程加速和人类活动的影响,该区土地利用变化趋势明显。青浦区所处位置如图 2-2(见书后彩插)所示。

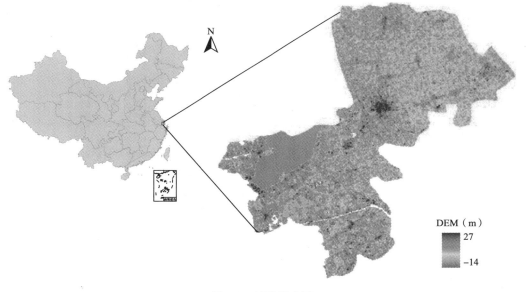

图 2-2　区域示意图

2.2.3.2　精度评价

为了对算法的精度进行评价以验证提出的算法的可行性,本文以基于 TM 遥感影像进行人工解译的 2008 年的 1∶10 万土地利用数据作为标准与青浦区基于规则的土地利用自动分类结果进行了比较分析。图 2-3a～d(见书后彩插)分别代表了上海市青浦区遥感影像、2005年 1∶10 万土地利用人工解译结果、2008 年 1∶10 万土地利用人工解译结果和基于规则的自动分类算法的结果。黑框内代表的是变化比较明显的区域。

图 2-3　上海市青浦区土地利用分类数据比较图 (a)遥感影像；(b)2005 年人工解译土地利用；
(c)2008 年人工解译土地利用；(d)基于规则的土地利用自动分类结果

图 2-4(见书后彩插)显示的是图 2-3 中 4 个方框区域的具体结果，可以看到在这些区域中，本书提出的算法的分类结果与遥感数据的匹配性更好，在一定范围内比人工解译的结果更加符合实际的情况，究其原因是由于进行人工解译的数据是以 TM 影像作为本底数据的，这在结果上可能有一定的偏差。但本书以人工解译结果作为标准数据，具体分析分类结果的精度。

（1）总体空间分类精度

从图 2-2 和图 2-3 可以看出，本书提出的分类算法的分类结果能够很好地体现遥感影像的光谱特征，与现实及人工解译的结果也比较接近。但为了比较分类结果的空间总体精度，本书将上海市青浦区作为一个整体，对耕地、林地、草地、水域和居民地 5 类土地利用类型进行统计。表 2-3 是 2005 年、2008 年人工解译土地利用分类结果及基于规则的土地利用分类结果统计表。

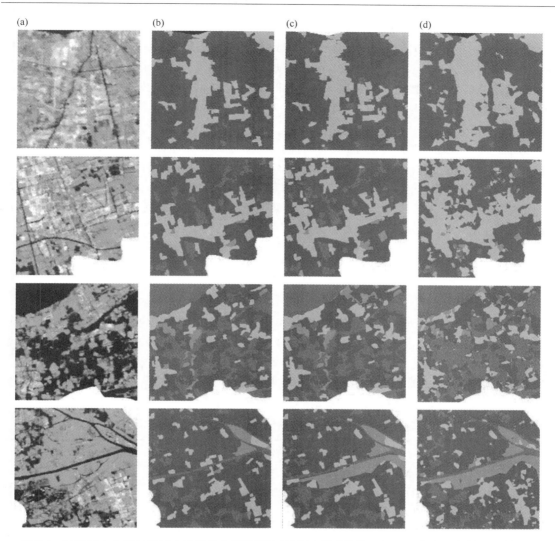

图 2-4　试验区 4 个明显区域土地利用分类数据比较图(a)遥感影像；(b)2005 年人工解译土地利用；
(c)2008 年人工解译土地利用；(d)基于规则的土地利用自动分类结果

表 2-3　上海市青浦区各地类结果统计表

		耕地	草地	林地	水域	居民地
2005 年人工解译	面积(km²)	425.7	2.1	14.3	110.3	117.9
	比例(%)	63.5	0.3	2.1	16.5	17.6
2008 年人工解译	面积(km²)	391.2	2.1	26.7	108.6	141.0
	比例(%)	58.4	0.3	4.0	16.2	21.1
自动分类	面积(km²)	360.9	3.0	29.9	113.8	163.0
	比例(%)	53.8	0.4	4.5	17.0	24.3

　　通过表 2-3 可以看到,总体面积上 5 类土地利用类型的自动分类结果与人工解译的结果
相差较小。该区 2008 年较 2005 年土地利用类型变化较大的为耕地和居民地,其中,耕地面积
由 63.5% 降到 58.4%,居民地由 17.6% 增加到 21.1%,这与上海市城市扩张的步伐是一致

的,城市建设挤压了耕地面积。而由自动分类的结果也可以看出耕地和居民地占总面积的比例分别为 53.8% 和 24.3%,与人工解译的结果比较发现误差分别为 5.4% 和 3.2%,属于可以接受的范围。其余 3 类土地利用类型(草地、林地和水域)在 2 年间变化不大,自动分类的结果与人工解译的结果也较接近。通过表 2-3 可以得出,从总体的分类精度来看,基于规则的土地利用自动分类算法结果与人工解译的结果具有可比性,精度在可接受的范围内。

　　(2)一致性分析

　　为了进一步验证基于规则的土地利用自动分类算法的结果精度,本节采用了由 Cohen 等提出的 Kappa 分析法进行一致性分析[101]。虽然总体精度常被用作评价分类结果精度指标,但 Allouche 等研究指出,由于考虑到了错分和漏分的误差,Kappa 分析能够得到更好的一致性评价结果[102,103]。Kappa 分析是一种测定两幅图之间吻合度或精度的指标,产生的评估指标被称为 K_{hat} 统计。K_{hat} 统计可以表示为:

$$K_{hat} = \frac{N \sum_{i=1}^{r} x_{ii} - \sum_{i=1}^{r} x_{i+} x_{+i}}{N^2 - \sum_{i=1}^{r} x_{i+} x_{+i}} \tag{2-6}$$

式中:r 是误差矩阵中总列数(即总的类别数);x_{ii} 是误差矩阵中第 i 行第 i 列上像元数量(即正确分类的数目);x_{i+} 和 x_{+i} 分别是第 i 行和第 i 列的总像元数量;N 是总的用于精度评估的像元数量。

　　将青浦区基于规则的土地利用自动分类结果与 2008 年人工解译土地利用数据的各地类像元数作比较进行一致性分析,获得其混淆矩阵如表 2-4 所示。

表 2-4　青浦区自动分类与人工解译结果混淆矩阵(单位:个)

		自动分类结果					x_{+i}
		耕地	林地	草地	水域	居民地	
人工解译结果	耕地	381111	1648	1247	22685	24942	431633
	林地	2696	22121	14	2592	2024	29447
	草地	328	116	1751	73	77	2345
	水域	8912	4947	308	98505	7182	119854
	居民地	7883	4367	17	2484	141340	156091
x_{i+}		400930	33199	3337	126339	175565	739370

　　根据表 2-4 的结果进行了 Kappa 系数的计算,得到根据 2008 年遥感影像进行自动分类的结果与人工解译的土地利用数据的 Kappa 系数为 0.79,Blackman 和 Landis 等[104]的研究对 Kappa 系数在 0~1 的数值进行了分级,进而成为实际研究中进行一致性高低评价的参考标准,如表 2-5 所示。

表 2-5　Kappa 值的评价

Kappa 系数	0~0.02	0.02~0.2	0.21~0.40	0.41~0.60	0.61~0.80	0.81~1
一致性程度	差	轻微	尚可	中等	好	几乎完全一致

　　通过计算的 Kappa 系数及表 2-5 的比较可以发现,本书采用的算法在青浦区的土地利用自动分类的结果与人工解译的结果在一致性上较好,说明该算法进行土地利用自动分类精度

符合要求。同时,分析表 2-4 的结果可以发现,林地与草地的错分率还是相对于其他地类比较高,究其原因是由于在城市区域林地和草地在采用的遥感影像上的光谱特征相对比较类似,因此造成了误差。但是对于居民地和水域来说,该算法的精度相对较高,因此该算法比较适合类似于城市扩张等方面的研究。

2.2.4　方法总结

宜能边际土地识别的基础是土地利用的遥感分类。现今的土地利用遥感解译算法或多或少地存在着人工参与过多、算法复杂、分类结果精度误差较大等缺点。本书在融合各种方法的基础上,构建了一套基于规则的土地利用自动分类算法,该算法应用于上海市青浦区得到了较高的精度,Kappa 系数检验的结果表明,本算法与目视解译的结果一致性较好。总体来说,本算法具有以下 6 个优点:(1)应用 GIS 技术和统计分析自动选取训练区,减少了人工参与的程度,是本算法实现自动化的一个基础;(2)以历史目视解译土地利用数据结果作为本底数据,从一定程度上保证了最终分类结果的精度,最大限度地减少了误差;(3)应用主成分分析法构建各种土地利用的光谱三维特征空间,自动提取了各土地利用类型光谱响应敏感波段和程度,原理上类似于决策树分类法,但较决策树分类人工参与更少;(4)通过建立规则对最终分类结果进行干预修正,避免纯粹依靠遥感光谱信息分类造成的误差,加入了社会政策层面的作用,体现了土地利用的社会影响因素;(5)本算法为通用的分类方法,可适用于各种时空分辨率及光谱分辨率的遥感影像,从某种程度上来说,在遥感影像的波段越多、空间分辨率越低的情况下,该算法的精度更高;(6)算法构建简单,易于实现,人工参与较少,基本实现自动化分类。

然而,本算法也有一定的局限性,首先是原始历史土地利用数据的精度对最后结果的影响较大;其次,历史土地利用数据与遥感影像时间间隔不宜过大,经验分析对于土地利用变化不大的区域,5 年内的时间间隔对于本算法的精度都是可控的;再次,对于不同区域分类规则的制定仍存在一定的任意性和不确定性,后续的工作中将对全国范围内进行研究,以建立一套切实可行的规则库。

2.3　植被类型信息的遥感获取

2.3.1　植被类型信息的高光谱遥感获取

高光谱遥感作为一种新型的遥感方式逐渐成为区域或全球植被类型信息获取的重要方法。本书应用环境与灾害监测预报小卫星(HJ-1A)HSI 高光谱数据,以广西金钟山自然保护区植被类型为研究对象,结合全国 1∶100 万植被图、珍稀植被分布图及 DEM 数据,采用决策树法、光谱角填图法及 ISODATA 非监督分类方法对研究区进行植被类型的分类。并根据保护区生物多样性开展野外调查工作,实地选点验证分析了 3 种方法分类结果精度。分类结果表明,应用决策树分类方法总体精度计算达到 83.72%,满足分类要求,并与实地验证结果较为符合。基于此分类结果,得到金钟山 4 个典型植被类型及其分布情况,可以基本反映出该区域植被的特征。金钟山自然保护区是国家级自然保护区,山体高大,森林植被保存完好。其原生性保护较好的孑遗植物和珍稀濒危物种群数量大,且保留有一些典型群落及垂直地带性[105]。保护区植被的经济、社会和科学研究价值高,对其植被的分类与分布特征研究有助于进一步提高对保护区的管理水平及森林生态系统的保护工作,对于生物多样性保护的研究也具有重要意义[106]。

近年来,随着卫星遥感技术及新型传感器的快速发展,高光谱遥感已然成为一个颇具特色的前沿技术,高光谱分辨率遥感数据的可及性不断增加[107],为遥感直接进行生物物种或种群的监测提供了可能,并逐渐成为目前区域或全球生物多样性研究的重要方法[108]。高光谱遥感已成功地应用于实时、大范围、无破坏的植被覆盖与生长探测[109],它通过搭载在不同空间平台上的高光谱传感器,在一定波长范围内,以数十至数百个连续且细分的光谱波段对地表区域同时成像,成像光谱系统能获得的连续波段宽度一般在 10 nm 以内,这样在获得地表图像信息的同时也获得了其光谱信息,实现了光谱与图像的结合。高光谱遥感能够大大提高对植被的识别与分类精度,人们可以从众多的窄波段中筛选出那些对植被类型光谱差异较明显的波段,利用少数几个窄波段对植被类型进行识别与分类,也可采用压缩技术重新组合几个综合波段,充分利用植被的光谱信息,改善了植被的识别与分类精度[97]。

环境减灾小卫星高光谱成像仪(HSI)是搭载在中国于 2007 年发射的环境与减灾小卫星 A 星(HJ-1A)上的传感器之一[55,99],在 0.45~0.95 μm 波段范围内设置了约 135 个通道,谱段数为 110~128,空间分辨率为 100 m,回访周期约为 96 h。HSI 数据可在 459~956 nm 范围内形成 115 个连续的光谱覆盖,而研究植被的波长范围一般为 400~2500 nm,这也是传感器设计选择的波长范围,因此 HSI 数据应用于植被的识别分类等研究具有独特的优势。

本书应用 HSI 高光谱数据,以金钟山自然保护区植被类型为研究对象,结合 1：100 万植被图、珍稀植被分布图及 DEM 数据,基于遥感影像,根据各类型植被光谱特征建立知识库,采用 3 种分类方法分类,并根据实地点数据进行验证,评价不同方法的精度,优选最佳分类方法的结果分析金钟山保护区的植被覆盖情况。

2.3.1.1　研究区与数据准备

(1)研究区概况

金钟山自然保护区位于广西壮族自治区西北部,云贵高原东南缘,处于南亚热带西部,受来自云南高原焚风影响,具有干湿季明显的气候特点,年平均气温 18.3℃,年降雨量 1200 mm,其中 5—9 月雨量 957.4 mm,占全年降水量的 79.7%。保护区地理成分复杂,地势东南高、西北低,金钟山顶峰海拔 1836 m,最低处南盘江河谷仅 780 m,海拔高差达 1000 m 以上,具有完整的中山地貌和森林生态系统,区内山高、谷深、坡陡,相对高差大,地形复杂,河谷地带焚风效应明显,使这里的气候具有许多热带特征,植被亦随之复杂多样[105,106]。保护区内自然植被保存较为完好,原生性强,山体中部和中上部分布有常绿阔叶与常绿落叶阔叶混交林,在山体上部的高海拔区域分布有山顶阔叶矮林、灌木林。通过对金钟山植被分布的研究,不仅可以为保护区的保护、经营和管理提供科学依据,而且对南亚热带植被和分布规律的研究均有一定的意义。

(2)数据说明与处理方法

本书采用环境减灾小卫星(HJ-1A 星)HSI 高光谱数据,结合 1：100 万植被图、珍稀植被分布图及 DEM 为主要数据源。HSI 高光谱数据获取时间为 2009 年 12 月 11 日,首先对 HSI 遥感影像数据进行精确的辐射标定和大气校正,然后对获取的数据进行格式转换、垂直条纹的去除、大气校正及几何精校正等处理操作。通过对影像波段的分析,应用 ENVI 软件对坏线和条带进行修复[100,110]。图 2-5 列举了噪声较大的 1~20 号的波段中的 1、2、19、20 波段。将受大气等因素影响严重、噪声较大的 1~20 波段去除,生成一幅由剩下 95 个波段组成的影像。之后对数据进行最小噪声分离(MNF)变换[111],从而对数据去噪声、降维处理。

波段1　　　　　　波段2　　　　　　　波段19　　　　　波段20

图 2-5　噪声较大波段的影像图

2.3.1.2　研究方法

高光谱数据以其空间分辨率高、光谱分辨率高及数据量、信息量大等优点在监测植被覆盖度较传统遥感数据存在明显优势。本书采用决策树方法、波谱角填图法及 ISODATA 的非监督分类法这 3 种分类方法对研究区进行植被分类,验证不同算法精度。并基于精度较高的方法结合实测数据及资料,分析研究区植被分类状况。

(1)植被特征波谱分析

有相关研究表明,保护区内植被资源丰富,随着海拔升高,金钟山自然保护区植被依次呈现出 4 个分布带,有 4 种分布类型,其中热带分布占总属数的 75.21%,表明保护区的植物分布具有热带性质[106]。同时结合野外实地调查分析情况,确定将保护区植被类划分为 4 大类:亚热带落叶阔叶林、亚热带—热带常绿阔叶、落叶阔叶灌丛、亚热带常绿阔叶林、亚热带—热带草丛。同时保护区内还存在非植被地区,分为 3 种类型:水体、稀疏植被覆盖区、无覆盖区(裸地)。

然后根据 HSI 高光谱数据,采取从遥感影像上提取的已知点(样本点)的平均光谱为参考,建立分类光谱曲线库。具体做法是,参照已有的保护区珍稀植被分布点(共 73 个点)和野外采集数据点(共 13 个)作为样本,将不同树种归纳合并 4 种植被类型,不同植被类型对应的树种进行光谱曲线采集,提取其平均光谱曲线,利用 ENVI 软件建立保护区不同地物的波谱数据库作为分类光谱库(图 2-6,见书后彩插),图 2-7(见书后彩插)为提取的保护区 7 种典型地物21~115 号波段组成影像的典型地物波谱曲线,由图 2-7 可看出,不同典型地物在相同的波段处对应不同的反射率,几种地物在不同波段处有较明显的分离性。

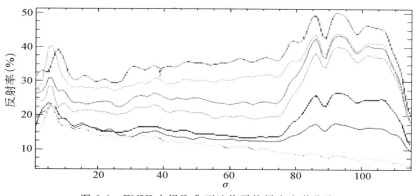

图 2-6　ENVI 中提取典型地物平均样本光谱曲线

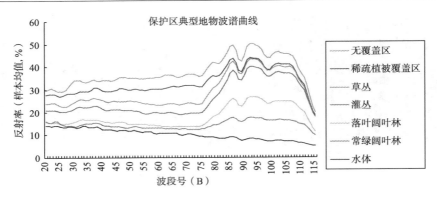

图 2-7　保护区内典型地物波谱曲线

（2）决策树算法

决策树是一种监督分类方法，它利用树型结构原则，按一定的分割原则把数据分为特征更为均质的子集，这些子集在数据结构中称为节点，其基本思想是逐步从影像中分离并掩膜每一种目标作为一个图层或树枝，避免此目标对其他目标提取时造成干扰及影响。最终复合所有的图层以实现图像的自动分类[112,113]。本书基于决策树分类器的理论结合前期收集的地物波谱数据库应用 eCognition 软件进行分类。原始 HSI 影像数据以选定尺度（粗、中、细）分割为均匀影像对象，形成影像对象层次网络，再将分割影像置入知识库进行分类。此知识库的设计为一树状结构，即决策树的判断过程：先将特征明显且容易区别的区块分出，余下的特征不明显的部分，再辅以其他的特征来进行细部的分类。

根据已提取的典型地物样本光谱曲线（图 2-6）观察可知，不同地物在不同的波段处有较好的分离性，为了提高分类精度，同时利用差别较大波段构建新的波段变量，例如，利用比值法构造归一化植被指数（NDVI）和水体指数（NDWI），利用差值特征构建分类波段变量作为阈值等。基于不同地物波谱特征构建的分类特征波段变量进行分类，分类流程图如图 2-8 所示。

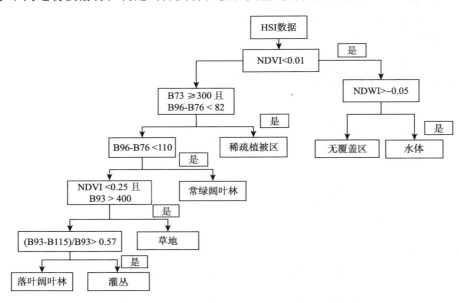

图 2-8　决策树分类流程图

（3）光谱角填图法

光谱角填图分类法（Spectral Angle Mapper，SAM）是一种光谱匹配技术，它通过计算影像像元的光谱与样本参考光谱之间的光谱角来确定两者之间的相似性，夹角越小，两条光谱越相似。SAM 是一种成熟的基于光谱匹配的信息提取方法，充分利用了光谱维的信息，强调了光谱的形状特征，它通过计算一个测试光谱（像元光谱）与一个参考光谱之间的"角度"来确定两者之间的相似性，是目前高光谱图像分类中较常用的方法[101]。

在本书中，利用已提取的平均光谱曲线建立参考光谱库。根据以下公式[102]计算未知像元与各类中心的夹角，然后将给未知像元分类到夹角最小的类别中去。

$$\cos\alpha = \frac{AB}{|A||B|} = \frac{\sum_{i=1}^{N} A_i B_i}{\sqrt{\sum_{i=1}^{N} A_i B_i} \sqrt{\sum_{i=1}^{N} B_i B_i}} \tag{2-7}$$

式中：N 为光谱采样波段数，A 和 B 为光谱矢量，α 为光谱夹角。

分类过程中导入植被光谱库的数据，对所有类别使用同一个阈值，ENVI 中默认的弧度值为 0.1 弧度，这是终端单元波谱矢量与像元矢量之间最大的可接收角度，角度大于该值的像元将不被分入该类，符合所选阈值标准的区域将被作为已分类区域输入到分类后的图像中。

（4）ISODATA 的非监督分类

非监督分类是指事先对遥感图像地物的属性不具先验知识，纯粹依靠不同光谱数据组合在统计上的差别来进行"盲目分类"，分类后再对已分出各类的地物属性进行确认[103,104]。选用 ISODATA 迭代法进行非监督分类，迭代法是通过计算数据空间中均匀分布的类均值，然后按照最小距离原则将剩余像元迭代聚集。每次迭代重新计算均值，且用这一新的均值对像元进行再分类。如果没有限定标准差和距离的阈值，所有像元都被归到与其最临近的一类里，直到每一类的像元数变化少于选择的像元变化阈值或已经到了迭代的最多次数，否则这一过程将一直持续。

为提高分类精度，首先对经预处理的 HSI 数据假定初始的参量，通过预分类处理来形成集群（即聚类），参照保护区 1∶100 万植被图、DEM 高程图及珍稀植被分布点、野外采集点分布图，确定各分类图斑所属的植被类型并合并归类，同时根据集群的统计参数来调整预置的参量，接着再聚类、再调整。

2.3.1.3　分类结果与精度评价

分别应用以上 3 种分类方法对研究区植被进行遥感分类，结果如图 2-9～2-11（见书后彩插）及表 2-6～2-8 所示。

3 种分类法分类结果均显示灌丛分布较多且在研究区内分布较广，而决策树法与光谱角填图法分类结果显示常绿阔叶林在研究区内分布也较多，决策树分类法分类结果中，常绿阔叶林多分布于南部地区，北部地区较少，非监督法分类结果显示落叶阔叶林分布较广，其灌丛多分布于保护区的北部和东部；草丛分布在 3 种分类方法中所占百分比都比较少。水体、稀疏植被与无覆盖区所占百分比与分布范围在 3 种分类方法中差别很小。

2011 年 7—8 月，对广西芩王老山、金钟山自然保护区生物多样性开展的野外调查工作中获取了很多有益的数据、信息。采用已有的保护区珍稀植被分布点（共 73 个点）和野外利用 GPS 定位数据点（共 13 个）作为样点，以校验分类结果的准确性。

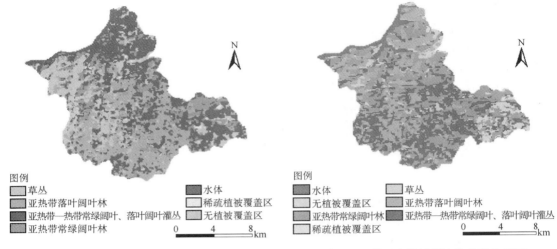

图 2-9　基于 ISODATA 的非监督分类法分类结果图　　　图 2-10　基于决策树算法的分类结果图

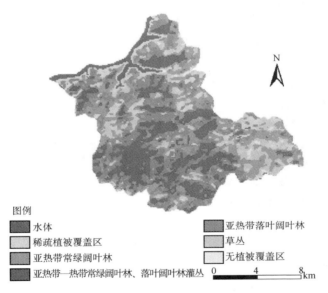

图 2-11　基于光谱角填图法的分类结果图

表 2-6　研究区非监督分类法分类的混淆矩阵

非监督分类	草丛	常绿阔叶林	灌丛	落叶阔叶林	无覆盖区	总计
草丛	8	1	5	3	1	18
常绿阔叶林	1	14	4	4		23
灌丛	3		17	3		23
落叶阔叶林	3	5	4	10		22
总计	15	20	30	20	1	86

总分类精度：56.98%；Kappa 系数：0.4253

表 2-7　研究区决策树分类法分类的混淆矩阵

决策树	草丛	常绿阔叶林	灌丛	落叶阔叶林	无覆盖区	总计
草丛	13		1			14
常绿阔叶林	1	17	1	4		23
灌丛		2	27	1		30
落叶阔叶林	1	1	1	14		17
无覆盖区					1	1
稀疏植被覆盖区				1		1
总计	15	20	30	20	1	86

总分类精度:83.72%;Kappa 系数:0.7805

表 2-8　研究区光谱角填图分类法分类的混淆矩阵

光谱角填图法	草丛	常绿阔叶林	灌丛	落叶阔叶林	无覆盖区	总计
草丛	7		16	3		26
常绿阔叶林		15	1	1		17
灌丛	5	1	6	1		13
落叶阔叶林	2	3	5	12	1	23
稀疏植被覆盖区	1	1	2	3		7
总计	15	20	30	20	1	86

总分类精度:46.51%;Kappa 系数:0.3189

从表 2-6～2-8 中可以看出,基于决策树的分类精度最高,分类效果最好,总分类精度为83.72%,可信度高。而 ISODATA 非监督分类法和光谱角填图法的总分类精度分别是56.98%和 46.51%,精度较低。通过分类结果可看出,3 种分类方法中,水体、无植被覆盖区的分类精度相差不大,总像元数相差也不大;决策树法中,可运用波段间的比值、差值相结合的简单运算提供了任何单波段都不具有的独特信息,这样可对难以区分的植被类型得到有效区分,同时,尽量减小了地形坡度、坡向、阴影或太阳高度等环境条件的影响,使分类算法能够正确地识别研究区地物类型。

基于光谱特征的光谱角填图分类法的总体精度较低,不能满足分类要求。造成以上结果的原因较为复杂,可能由于光谱角填图法着重于对单一像元光谱反映值上的分析,而且终端单元波谱矢量与像元矢量之间的最大可接受的"角度",即波谱矢量间的最大角度阈值不一样,分类结果就会有很大的不同,在 ENVI 中默认值是 0.1 rad,用该阈值分类,可能影响了精度。对于 ISODATA 非监督分类法,在没有先验知识条件下,根据像元相似程度进行自动判别归类,操作简单,比较方便,但是需要对分类结果进行分类后处理才能得到较可靠的结果,这其中人为因素较大,同时由于受地物光谱特征的干扰和混淆的原因,同物异谱及同谱异物现象也导致难度增加,导致整体精度不佳。

根据分类精度较高的决策树方法的分类结果显示,保护区内亚热带常绿阔叶林分布面积最广,约占总面积的 34.02%,且分布较广。同时灌丛分布面积也很广,约占面积的 29.85%(表 2-9)。

分类分布图结合野外调查与数字高程图可看出:亚热带常绿阔叶林在海拔 1000～1800 m 都有分布,且多分布在研究区海拔较高的中部地带。本次野外调查工作对山顶的植被类型进行了采集和验证,山顶处多是以青冈林为主的常绿阔叶林群落,与遥感数据分类结果吻合较好;同时,野外调查发现,山顶处还生长有成片的竹林;另外,山顶附近也有小片常绿针叶林分布,以杉木林为主。灌丛多分布在海拔 1000～1500 m,但主要分布于海拔 1000～1200 m,海拔 1500 m 以上较少,且多分布于研究区的西南部,野外调查表明,灌丛多为次生林演替的初级阶段,是黑颈长尾雉生活(活动频繁)地段;亚热带落叶阔叶林约占总面积的 22.56%,是亚热带地区几类顶极群落遭受破坏后恢复过程中的一个演替阶段。暖性落叶阔叶林呈大面积分布,多分布于中高海拔地带。调查显示,热带落叶阔叶林主要的群系是由栓皮栎、麻栎、白栎等组成的落叶栎林,位于保护区的北部、南部,东部分布很少。亚热带—热带草丛主要分布在保护区的东部,多位于中山山地、山坡中下部,岩石较多地段和荒地之中多为次生类型。

表 2-9　保护区内各地物类型数量

植被类型	像元数量	面积(km²)	百分比(%)
亚热带—热带草丛	1439	14.631	6.992
亚热带落叶阔叶林	4643	47.207	22.561
亚热带—热带常绿阔叶、落叶阔叶灌丛	6144	62.468	29.854
亚热带常绿阔叶林	7002	71.192	34.023
水体	884	8.988	4.295
稀疏植被覆盖区	291	2.959	1.414
无植被覆盖区	177	1.800	0.860
总计	20580	209.244	100.000

2.3.1.4　结论与讨论

本书基于高光谱数据进行了植被类型信息的遥感提取。首先对 HSI 数据进行预处理,包括粗校正、辐射校正等预处理操作,波段坏线和条带的修复、有效波段的选取,对数据进行最小噪声分离变换,从而对数据去噪声、降维,并进行几何精校正,保证了分类研究的精度。

基于预处理 HSI 高光谱数据,通过对金钟山自然保护区主要植被类型的 3 种不同遥感分类方法对比研究,结果表明决策树分类精度最高,并能较快速地完成决策树的变换和建立,进一步结合实地野外调查与观察资料数据,结果与其遥感分类结果吻合相对较好,总分类精度达到 83.72%,Kappa 系数为 0.7805,验证了利用 HSI 高光谱数据进行植被分类的可行性。

2.3.2　基于面向对象分类技术的森林植被二级分类

除了高光谱技术,面向对象的高空间分辨率遥感影像处理技术是另一种逐渐受到重视的植被类型分类技术。非粮的能源植物大多种植在山地丘陵,由于山区森林植被的复杂性,其分类精度一直是个难以解决的问题。国内外学者对遥感技术在山区森林植被调查和分类中的应用进行了大量研究,取得了不少的研究成果。如刘旭升等[114]使用 Landsat 7 ETM+遥感数据,利用 BP 神经网络法对森林植被进行分类,与最大似然法相比,在灌草、灌阔、草灌混分现象大幅度减少,但针阔混分现象无明显改善。袁金国[115]采用植被指数进行森林植被遥感分类研究,结果表明,最易于区分阔叶林和针叶林的是垂直植被指数(Perpendicular Vegetation Index, PVI),不同针叶树种间采用比值植被指数(Ratio Vegetation Index, RVI)来区分。竞霞等[116]以密云山区为例,利用多时相遥感数据 Landsat TM 进行山区森林植被分类,取得了较好的分类效果。Wardlow 等[117]利用 MODIS-NDVI 时间序列数据,采用分层分类方法对美国中部农作物进行分类,并取得了较高的精度。Sulong 等[118]在 GIS 支持下利用航空照片和 TM 图像,将马来西亚红树林划分为 14 个植被类型,精度分别为 91.2%和 87.8%。

面向对象分类方法可以充分利用像元的空间、纹理、上下文等特征信息,是近几年为充分挖掘高分辨率影像信息而发展起来的遥感图像分类技术[119]。20 世纪末,Baatz 等提出了面向对象的分类方法[120],它突破了传统影像分析方法以单个像元为处理单元的局限性而成为遥感技术的研究热点,其本质是分类的最小单元是对象而不是像元,使分类精度更高[121]。试验证明在中分辨率遥感影像分类中具有较大优势。例如,韩闪闪等[122]使用传统的最大似然法、面向对象两种方法对 TM、ETM 数据进行分类,结果表明面向对象方法比传统方法在精度上有了明显提高;何宇华等[123]运用 CBERS-02 数据进行土地调查研究中,运用两种方法进行分类,其中面向对象方法的精度更高。此外,利用面向对象方法进行土地利用分类时,大多研究只针对简单的土地利用类型。例如,孙晓霞等[124]利用 IKONOS 影像提取河流和道路信息,通过面向对象法,进行初次分类和引入子目标形状特征的二次分类,来提高提取精度;曹凯等[125]用 SPOT5 影像,对南京市部分主城区的水体信息进行逐级分层分类提取,表明面向对象方法的分类精度更高。然而,面向对象分类方法在中分辨率遥感影像分类方面的研究则鲜有报道,特别是针对森林植被二级分类方法的研究鲜有发表。

本研究利用多时相、多源数据综合,以 HJ-1 CCD 影像为主要数据源,利用其多时相特点,辅以 Landsat TM、地形信息(DEM)及坡度数据等,运用面向对象分类方法,采用基于知识规则定义分类的隶属度函数法,进行植被信息二级分类。试验区的结果及野外采样精度验证表明该方法提高了信息提取的精度。

2.3.2.1　研究区概况与数据预处理

(1)研究区概况

北京市门头沟区地处北京西部山区,属于太行山余脉,地理范围在 115°25′~116°10′E 与 39°48′~40°10′N 之间,总面积 1455 km²,其中山区面积占 98.5%。境内有北京市的最高峰东灵山,海拔 2303 m,东、南与北京市石景山区、丰台区、房山区接壤,西、北与河北省涞水县、涿鹿县、怀来县和北京市昌平区、海淀区为邻,属中纬度大陆性季风气候,降水量年际变化较大,自东向西逐渐减少,年降水量在 600 mm 左右。研究区植物种类丰富,垂直水平地带性分布相对比较明显,森林植被以桦树林、杂木林及散生侧柏和人工营造的油松林、落叶松等为主,主要分布在海拔 1000 m 以上的中山区[126]。

(2)土地覆被分类系统

本书采用面向估算中国碳收支项目制定的中国土地覆被分类系统,一级分类系统把土地主要分为林地、草地、湿地、耕地、人工表面和其他共 6 种土地覆被类型。由于本研究重点是森林植被的二级分类,根据研究区影像特点,将林地细分为落叶阔叶林、落叶阔叶灌木林、常绿针叶林、落叶针叶林和乔木园地,非植被类型只分到一级类,不进行细分,具体分类系统见表2-10,其中,"其他"类在门头沟区只有裸土,称为其他(裸土)。

表 2-10　面向碳收支的土地覆被一、二级分类系统——门头沟区

序号	一级分类	代码	二级分类
		102	落叶阔叶林
		103	常绿针叶林
1	林地	104	落叶针叶林
		107	落叶阔叶灌木林
		109	乔木园地
2	草地		
3	湿地		
4	耕地		
5	人工表面		
6	其他(裸土)		

(3)数据选取与处理

分类系统一、二级土地覆被类型,适合利用多尺度遥感方法进行监测。目前,应用服务中的中尺度遥感卫星很多,但覆盖全国范围、多时相的数据并不多,存档数据较为全面的包括TM、HJ、CBERS01\02\02B。本次二级分类的土地覆被类型用单一时相数据划分所有类型难度较大,多时相数据往往比高空间分辨率具有更强的土地覆被判别能力。环境减灾小卫星(HJ)相比 TM、CBERS 数据有明显的多期数据采集能力,为土地覆被分类工作提供了更多时相数据选择空间。因此本研究以 HJ 卫星数据作为主要数据源,利用其多时相特征,结合 TM 数据的光谱信息,进行门头沟地区土地覆被类型的识别。

本研究选用 3 景 HJ 数据,获取时间分别为 2010 年 5 月 20 日、7 月 20 日和 12 月 20 日,轨道号分别是 457-68、4-68、4-64,空间分辨率为 30 m,数据来源于中国资源卫星应用中心;Landsat5 TM 数据 1 景,获取时间为 2009 年 8 月 12 日,轨道号是 124/32,空间分辨率为30 m,数据来源于 http://glovis.usgs.gov,该数据因其光谱信息丰富,是本研究的主要辅助数据。此外的辅助数据还有 Aster 30 m 的 DEM 数据,数据来源于 http://asterweb.jpl.nasa.gov/gdem-wist.asp,以及由 DEM 经空间分析生成的坡度图。

本研究区采用的投影坐标系为 Krasovsky_1940_Albers,地理坐标系为 GCS_Krasovsky_1940,分别对研究区数据进行投影变换、正射校正、波段合成等处理,使所有的数据都转换到统一的坐标系中。由于研究区多山,地形对影像的干扰比较大,因此对HJ-1 CCD数据进行了正射校正,结合 DEM 数据,通过均匀选取多个控制点对其进行校正,使误差控制在 1.5 个像元之内。本书选择经预处理后的 HJ-1 CCD 部分影像(图 2-12,见书后彩插)进行分类结果的比较。

图 2-12　研究区部分假彩色合成影像（HJ-1 CCD 数据）

2.3.2.2　面向对象的森林植被二级分类方法

近年来，国内外学者以中、高分辨率遥感影像为数据源，应用面向对象的分类方法进行了地物信息的提取研究，并将其与传统的基于像元的方法进行了对比，证明了面向对象分类方法的优越性[127-129]。它主要包括影像分割和分类。

1）面向对象分类的特征选取

（1）波谱特征

遥感图像分类的主要依据是地物的光谱特征，即地物电磁波辐射的多波段测量值，不同地物的光谱特性不同，而相同地物的光谱则是相似的，所以可以根据地物光谱特性的差异来识别地物[129]。本分类研究中，有些地物根据已经被广泛应用的指数或者其他一些指数很容易被提取出来，本研究根据分类规则建立的需要，选取主要植被类型的地物进行光谱值采样，统计其最大、最小值和均值（表 2-11），得到主要地物类型的光谱响应曲线，如图 2-13 所示。

表 2-11　不同地物类型在遥感影像上的光谱值统计表

植被类别		落叶阔叶灌木林	落叶阔叶林	针叶林	乔木园地	草地
波段 1	最大值	55	62	52	67	71
	最小值	47	54	43	53	61
	平均值	51.65	58.42	47.18	58.14	65.44
波段 2	最大值	30	26	29	16	36
	最小值	25	22	23	9	28
	平均值	28.14	24.66	25.66	11.11	32.18
波段 3	最大值	25	20	15	29	38
	最小值	19	15	11	18	25
	平均值	21.71	17.64	13.45	20.59	31.24

植被类别		落叶阔叶灌木林	落叶阔叶林	针叶林	乔木园地	草地
波段4	最大值	116	117	52	96	92
	最小值	91	87	14	66	66
	平均值	102.56	102.35	34.63	79.17	81.69
波段5	最大值	107	88	49	78	110
	最小值	78	62	11	54	81
	平均值	91.15	78.32	31.83	65.38	99.09
波段6	最大值	161	149	142	155	169
	最小值	149	132	130	147	153
	平均值	154.91	144.08	136.51	151.20	160.35
波段7	最大值	36	28	17	31	53
	最小值	24	19	5	18	36
	平均值	30.54	23.33	11.64	22.68	45.67

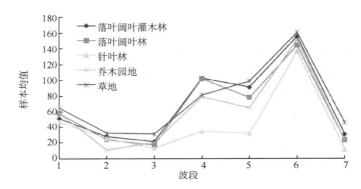

图 2-13　不同地物类型的样本光谱响应曲线

（2）缨帽变换

缨帽变换（Tasseled Cap Transformation，又叫 K-T 变换）最初是基于 MSS 地物光谱统计数据建立的，对原始数据进行正交变换，去除原始影像各波段间的冗余信息，变换后的结果具有重要的物理意义。对于 Landsat5TM 数据，其结果有 3 个因子组成：亮度、绿度与第三分量，第三分量表征地物的水分含量，与湿度有关。所以将其变换后的结果与原影像波段合成，应用到分类中，可以将湿地与陆地区分开。

2）多尺度分割

影像分割是面向对象分类的基础，通过图像分割[130,131]可以得到同质像元组成的多边形对象。分割尺度的选择直接影响分类的精度。由于不同地物的光谱、形状等特征不同，对其进行提取所需要的分割尺度也不同[132]，影像分割的异质性指标由对象的颜色、形状、光滑度和紧凑度来衡量[133]。

研究区地形复杂，图斑大小不一，比较破碎，采用单一尺度分割不能满足精度要求，所以利用多尺度分割技术生成大、中、小 3 个尺度的分割对象，在较大尺度下分割出父对象，而在较小尺度下分割出子对象，然后按照分类规则进行不同地物信息分层提取[134]。本研究根据分类目的，经过反复改变参数进行多次试验，最终确定 20、10、5 三个分割尺度。湿地光谱很均一，可以在第 1 层上的分割尺度上分类；植被（草地、灌木和阔叶林）的面积相对比较大，可以在第 2 层上提取；人工表面（包括居住地、交通用地等）和耕地（本研究区内指旱地）图斑小而破碎，选择较大尺度容易生成混合对象，因此采用较小的尺度进行分类。不同尺度的分割效果如图 2-14（见书后彩插）所示。

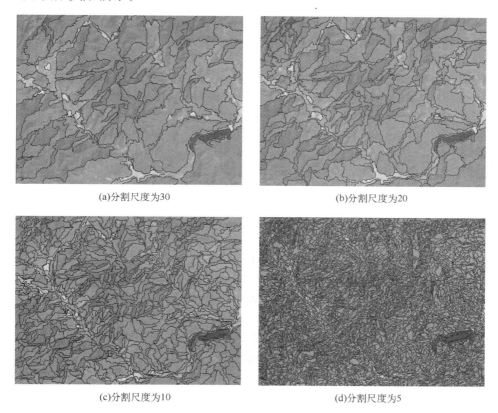

(a)分割尺度为30　　　　　　　　　　　　　(b)分割尺度为20

(c)分割尺度为10　　　　　　　　　　　　　(d)分割尺度为5

图 2-14　不同尺度分割效果对比图

3）影像对象分类

多尺度分割后需要选择合适的分类器对影像进行分类。eCognition 软件主要有最邻近距离法和隶属度函数法两种分类方法。当地物特征不明显或者用一两个特征无法区分，需要更多的规则来区分时，适合用最邻近距离法；如果用一个或者少数几个特征可以区分开的地物，则可用隶属度函数法[129]。隶属度函数法用 0～1 的范围来表达任意特征范围，利用模糊数学方法构造隶属函数，赋以函数值来确定对象归属类[135,136]。它利用对象的特征信息构建规则集，并对规则阈值进行判定来提取不同的分类对象[137]。

本研究根据上述不同地物的光谱曲线及空间特征，在综合分析影像信息和地物类型基础上，利用隶属度函数构建规则集，实现各种地物的逐级分类。即首先进行粗分类，提取植被、水体等信息；然后进一步逐级细化，提取其他地物。

第 1 层中提取湿地和其他（裸土）。HJ-1 CCD 影像 4、3、2 假彩色合成影像中，其他（裸土）类为亮白色，根据亮度值很容易将其提取出来。湿地可以根据与水分相关的一些信息进行提取，多次试验表明，根据缨帽变换第三分量（KT-3）[138]，可以将湿地与一些人工表面（此处指工业用地）、针叶林很好地区分开，提取精度较高。

　　林地是本次分类中的难点和重点。在第 2 层中主要提取一部分植被的二级分类。利用归一化植被指数(NDVI),可以将植被与非植被很好地区分开[139]。仔细分析图 2-13 的光谱特征,并经过多次试验,发现红光波段(波段 3)与蓝光波段(波段 1)的比值可以较好地将落叶阔叶林与落叶阔叶灌木林区分开;中红外波段(波段 5)与近红外波段(波段 4)的差值可以提取出大部分草地。由于该区山形挺拔高峻,一些山顶存在繁茂的高山草甸,另外,草甸多生长在低温、中度湿润条件下,所以根据高程(DEM)和与湿度相关的指数 NDII(NDII=(波段 4-波段 5)/(波段 4+波段 5)),可以将这部分草甸提取出来归到草地中。

　　第 3 层中主要提取剩余的细小地物。耕地与林地在光谱上比较接近,不易区分,但耕地在收割后或者刚播种时与林地的光谱区别较大,所以通过辅助数据——5 月份刚播种时期的影像数据,可以很好地将耕地提取出来。由于本研究采用 5 月底的遥感影像,此时一部分作物已经长势较好,所以根据刚播种时期影像的 NDVI,只能提取出一部分耕地。另外,耕地的坡度一般不会大于 45°,所以加入辅助数据坡度图,提取剩余耕地,经过第二次分类,最终将耕地从植被中准确地提取出来。人工表面(主要是居住地)根据归一化建筑指数 NDBI=(波段 5-波段 4)/(波段 5+波段 4)基本上可以提取出来[30],其中一部分其他(裸土)亮度较低,也被提取为人工表面;针对该研究区,被误提为人工表面的其他(裸土)均分布在坡度比较大的山上,所以借助辅助数据坡度图,可以将这部分人工表面归到其他(裸土)中。由图 2-13 可知:根据绿光波段(波段 2)可以将乔木园地提取出来,由于季节或者降雨原因,一部分干旱季水体光谱跟乔木园地比较相似,所以第一次提取后会有一部分湿地(统称水体)被误分为乔木园地(图 2-15a,见书后彩插),选择乔木园地类中与湿地类距离为 0 的对象,分类到湿地类中,如图 2-15b 所示。由于针叶林在 HJ-1 CCD 影像上光谱与阔叶林不易提取,而在 Landsat TM 影像上针叶林的光谱值较低,在影像上显示为深红色,阔叶林的颜色则较浅,所以根据 Landsat TM 的近红外波段可以将其区分开。常绿针叶林与落叶针叶林在冬季差别比较大,根据冬季影像的 NDVI 值可以将其区分开,所以本研究借助辅助数据(12 月份 HJ-1 CCD 影像),将落叶针叶林与常绿针叶林很好地区分开。具体的分类流程如图 2-16 所示。

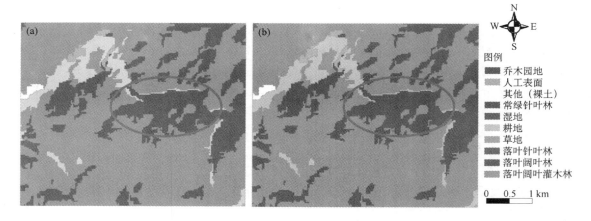

图例
■ 乔木园地
■ 人工表面
　 其他(裸土)
■ 常绿针叶林
　 湿地
　 耕地
　 草地
■ 落叶针叶林
■ 落叶阔叶林
　 落叶阔叶灌木林

0　0.5　1 km

图 2-15　第 3 层第一次(a)及修改后(b)提取的乔木园地

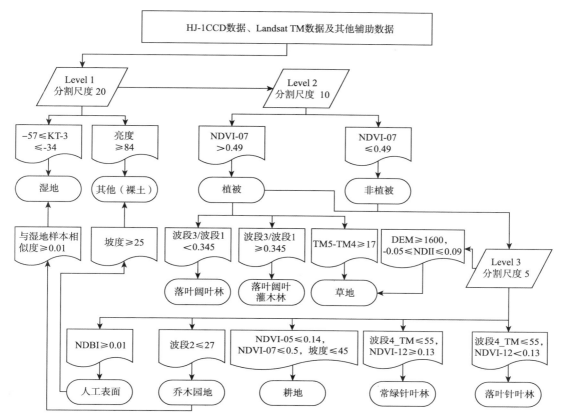

图 2-16　实验区土地利用识别分类流程图

（NDVI-05 为 5 月份 HJ-1 影像，NDVI-07 为 7 月份 HJ-1 影像，

NDVI-12 为 12 月份 HJ-1 影像；KT-3 为 TM 影像缨帽变换的第三分量，

Band-4 为 TM 影像第四波段，其余波段为 TM 影像的对应波段）

2.3.2.3　分类结果

　　根据地物的亮度、纹理、颜色等特征参数，运用面向对象的分类方法，先进行多尺度分割，并结合上述专家知识规则，综合利用光谱、形状、纹理等特征，对分割后的影像进行逐层提取，得到研究区分类结果如图 2-17（见书后彩插）所示。

　　研究表明，门头沟区以落叶阔叶灌木林为主，面积约占 51.43％；落叶阔叶林次之，约占 35.29％；其他类型面积总和约占 13.28％。灌木林和落叶阔叶林主要分布在山区，覆盖大部分区域；人工表面和耕地大部分分布在东南部，山间平地也分布有一小部分，这与门头沟区以山区为主，地势西北高、东南低，东南部为门头沟区市区，以平原为主的实际地形特点相符合。本研究采用的分类规则集及阈值具有区域适用性，是针对门头沟区影像及地物特征所指定的，应用于其他区域的影像分类时，需根据实际情况作适当调整。

　　最大似然法是传统遥感影像监督分类方法中比较有代表性且应用较普遍的一种方法。为了更好地说明面向对象分类法的提取效果，将最大似然法与传统监督分类方法的分类结果进行对比。利用 ENVI 4.8 软件，执行传统的基于像元的最大似然监督分类，其分类结果如图 2-18（见书后彩插）所示（部分截图）。

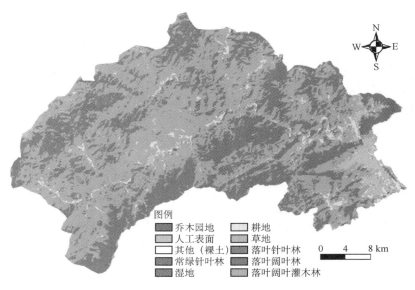

图 2-17　门头沟区面向对象方法分类结果

　　由图 2-18a 与图 2-18b 的对比可以看出,最大似然法分类结果中提取的地物比较破碎,特别是耕地、人工表面和针叶林,这主要是由于研究区地形地貌比较复杂,光谱信息相差不大,地物区分比较困难;耕地和人工表面在山地中分布比较破碎,利用传统方法就会出现较大的误差;而常绿针叶与落叶针叶林光谱基本类似,传统方法也很难将其区分开。这主要是由于"同物异谱"和"同谱异物"现象在遥感影像中普遍存在,而传统方法单纯依靠像元的光谱特征,忽略空间、纹理、形状等信息,使得光谱特征相似的地物难以区分。而面向对象分类方法充分利用光谱、纹理及空间等各种信息,弥补了传统分类方法的不足,取得了较好的分类效果,避免了"椒盐现象"的产生。

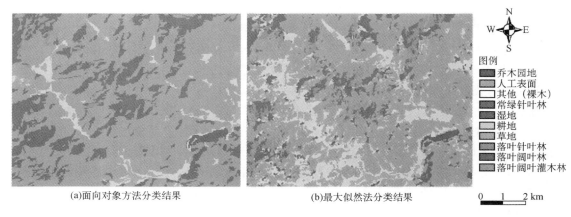

(a)面向对象方法分类结果　　　　　　(b)最大似然法分类结果

图 2-18　不同分类方法所得分类结果的比较

2.3.2.4　精度评价

　　本研究在 2011 年 8 月底对研究区进行了野外采样,时间和 Landsat TM 数据基本相同,路线基本遍布整个研究区。为了更好地评价分类精度,选取 264 个外业采样点及 502 个目测随机采样点,参考东灵山林相图进行精度验证,采样点与遥感影像叠加图如图 2-19(见书后彩插)所示。

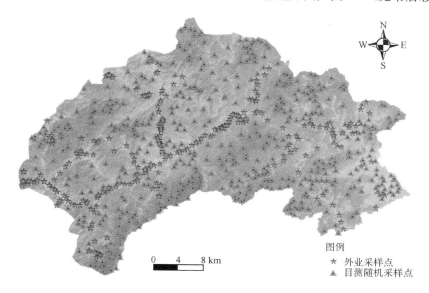

图例
★ 外业采样点
▲ 目测随机采样点

图 2-19　采样点与遥感影像叠加图

利用验证数据,分别对面向对象法和最大似然法的分类结果进行精度评价,结果如表
2-12、表 2-13 所示。

表 2-12　面向对象分类方法的混淆矩阵

	其他 (裸土)	人工表面	乔木园地	草地	常绿 针叶林	落叶 针叶林	落叶 阔叶林	落叶阔叶 灌木林	湿地	耕地
其他(裸土)	23	3	1	0	2	0	1	1	1	6
人工表面	2	40	0	2	0	0	1	0	0	2
乔木园地	0	0	71	1	0	2	5	1	1	1
草地	0	0	1	60	2	0	2	0	0	3
常绿针叶林	1	2	2	1	86	3	0	3	2	0
落叶针叶林	0	0	1	0	3	92	2	2	0	2
落叶阔叶林	0	1	3	1	2	2	99	5	0	0
落叶阔叶灌木林	1	3	3	0	1	0	6	112	0	2
湿地	0	0	2	1	5	1	0	1	16	0
耕地	1	3	5	1	1	0	9	2	1	39

总分类精度:83.29%;Kappa 系数:0.81

表 2-13　最大似然法的混淆矩阵

	其他 (裸土)	人工表面	乔木园地	草地	常绿 针叶林	落叶 针叶林	落叶 阔叶林	落叶阔叶 灌木林	湿地	耕地
其他(裸土)	21	10	0	1	0	0	2	1	0	9
人工表面	6	39	0	2	0	0	3	2	0	3
乔木园地	0	0	62	2	0	0	2	3	1	3

续表

	其他 （裸土）	人工表面	乔木园地	草地	常绿 针叶林	落叶 针叶林	落叶 阔叶林	落叶阔叶 灌木林	湿地	耕地
草地	0	0	1	56	0	0	2	3	0	2
常绿针叶林	1	0	16	1	61	35	0	2	7	0
落叶针叶林	0	0	0	0	37	63	2	3	0	0
落叶阔叶林	0	0	2	2	1	1	76	29	0	0
落叶阔叶灌木林	0	0	0	0	2	0	21	83	0	0
湿地	0	0	2	0	0	0	0	0	12	0
耕地	0	3	6	3	1	1	17	1	1	38

总分类精度：66.71%；Kappa 系数：0.62

从表中可以看出，面向对象分类方法的总分类精度为 83.29%，Kappa 系数为 0.81，而最大似然法的总分类精度只有 66.71%，Kappa 系数为 0.62。可以明显地看出，面向对象分类方法具有更高的分类精度。同时也证明了面向对象分类法不仅适用于高分辨率遥感影像，同样也适用于地物类型复杂地区的中分辨率遥感影像。

2.3.2.5　结论与讨论

针对森林植被二级信息提取中的难点，选择 HJ-1 影像作为主要数据源，利用面向对象分类方法，对以森林植被为主的门头沟研究区进行地物信息提取，同时与传统的最大似然法进行对比，得出以下结论。

（1）与传统的基于像元的最大似然法相比，面向对象的分类方法具有更高的分类精度，本研究的总体精度达到了 83.29%，Kappa 系数为 0.81，比传统的最大似然法的分类精度 66.71% 有了较大的提高。

（2）植被二级分类比较困难，用单一时相数据划分所有类型难度较大，在多尺度分割的基础上，结合多时相、多源遥感数据及 DEM 等辅助数据，较好地解决了森林植被的二级分类问题。研究加入耕地刚播种时期和冬季影像，减少了耕地和常绿针叶林与其类似地物的混分现象，提高了分类精度。

综上所述，面向对象分类方法不仅利用了地物的光谱信息，而且充分考虑了几何、纹理、上下文关系等信息，与传统基于像元的分类方法相比，精度有了较大提高。森林植被二级分类困难，在门头沟区地物类型复杂的影像分类中，运用面向对象方法，采用多尺度分割，利用 HJ-1 CCD 数据的多时相特点，借助 DEM、坡度等辅助信息进行森林植被二级信息提取，有效地弥补了传统方法的不足，使分类结果更加精确。本研究以 HJ-1 CCD 数据为主要数据源，运用面向对象方法进行森林植被二级分类研究为中尺度分辨率遥感分类提供了可供参考的方法。由于遥感影像空间分辨率等因素的限制，本研究方法对乔木园地、交通用地和工业用地等地物类型的分类精度不高，有待进一步研究，可考虑选择与植被生长关键物候期吻合时相的遥感影像，辅助高分辨率遥感影像来进一步提高分类精度。

2.4　地表水热参数遥感反演

陆地表层的能量分配与水平衡状况可以用能量平衡方程和水平衡方程加以表示。在能量平衡方面,太阳全球辐射(I_g)经过大气的散射作用后到达地物表面,实际为地表所利用的那部分太阳能量称为净辐射(I_n),它们是地表能量平衡方程的关键变量。地表某一点的能量平衡可表示为:

$$I_n = H + LE + G + B \qquad (2\text{-}8)$$

式中:I_n 为地表净辐射通量(net radiation flux),W/m²;H 为地表至大气的显热通量(sensible heat flux),W/m²;LE 为地表至大气的潜热通量(latent heat flux),即以能量为单位的实际蒸散,W/m²;G 为由地表进入土壤层的热通量(soil heat flux),W/m²;B 为生物质能消耗(biomass absorbed energy),W/m²。

由式(2-8)可知,以能量为单位的实际蒸散可以按下式计算:

$$LE = I_n - H - G - B \qquad (2\text{-}9)$$

地表能量的分配主要通过两种外在形式表现出来:一是温度的变化,包括大气和土壤温度的变化,二是水的相变。因此,要计算蒸散,必须确定 4 个参数:净辐射 I_n、显热通量 H、土壤热通量 G 和生物质能消耗 B。流域蒸散信息遥感反演的实质,就是通过卫星传感器接收的反射或辐射信息,结合地面观测资料,在土壤—植物—大气连续体(Soil-Plant-Atmosphere Continuum,SPAC)系统能量流动和物质转换机理支持下,分别建立模型估算蒸散的 4 个参数,从而得到流域面上的蒸散值及其时空分布。下面将对这 4 个参数的确定分别进行阐述。

2.4.1　太阳总辐射、净辐射计算

地面在获取太阳辐射能的同时也因为自身的有效辐射而丧失能量,所吸收的辐射能和损失辐射能之差就是地表净辐射(图 2-20)。

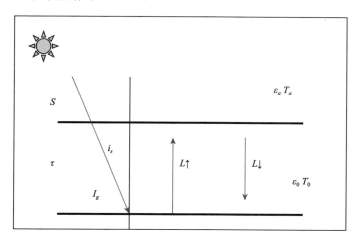

图 2-20　地表太阳辐射收支示意图

地表净辐射可以用下列方程表示:

$$I_n = (1-a)I_g - L_\uparrow + L_\downarrow \qquad (2\text{-}10)$$

式中:I_n 为地表净辐射;I_g 为太阳总辐射;a 为反射率;$L_\uparrow$ 为地面长波辐射;$L_\downarrow$ 为大气长波辐射。

对于上式中各分项可以通过下列方程求得。

(1)太阳总辐射

$$I_g = \tau S \cos(i_s) \qquad (2\text{-}11)$$

式中:S 为太阳常数,单位为 W/m^2,其值介于 $1325.8 \sim 1395.6$ 间;τ 为大气辐射传输系数;i_s 为太阳高度角。

（2）地面长波净辐射

辐射是能量传输的一种形式,宇宙中的任何物体,只要其温度高于绝对零度,都能够以辐射的形式向外界放射辐射能,所传输的辐射能总量与其自身绝对温度的 4 次方成正比,即史蒂芬—波尔兹曼（Stefan-Boltzman）公式：

$$E = \sigma T^4 \tag{2-12}$$

式中:σ 为史蒂芬—波尔兹曼常数,数值上等于 $5.67 \times 10^{-8} \ W/(m^2 \ K^4)$

$$L_\uparrow = \varepsilon_0 \sigma T_0^4 \tag{2-13}$$

$$L_\downarrow = \varepsilon_0 \varepsilon_a \sigma T_a^4 \tag{2-14}$$

地表辐射与温度间的关系方程式如下：

$$L_\uparrow(T_0) = L_\uparrow(T_a) + (\partial L_\uparrow / \partial T)(T_0 - T_a) = (\varepsilon_0 \sigma T_a^4 + 4\varepsilon_0 \sigma T_{avg}^3)(T_0 - T_a) \tag{2-15}$$

地面长波净辐射的计算方程如下：

$$L_n = (\varepsilon_0 \sigma T_a^4 + 4\varepsilon_0 \sigma T^3)(T_0 - T_a) - \varepsilon_0 \varepsilon_a \sigma T_a^4 = \varepsilon_0(1 - \varepsilon_a)\sigma T_a^4 + 4\varepsilon_0 \sigma T^3(T_0 - T_a) \tag{2-16}$$

式中:T_0 为地面温度;T_a 为大气温度;ε_0 为地表比辐射率;ε_a 为大气比辐射率,可用 Brunt 方程估计,其中空气湿度采用气候值;σ 为史蒂芬—波尔兹曼常数。

2.4.2 显热通量计算

显热通量主要是通过大气的湍流扩散完成的,因此大气近地表的湍流活动是决定感热通量的关键要素。大气近地表层是指地表 $20 \sim 100 \ m$ 高度以下的大气底层,大气和地表之间的热量、动量和水汽交换大多是由近地面的各种过程来调整的。近地表层气流实质上是固体壁附近的可压缩湍流。描述流体运动的基本方程由 3 个动量守恒方程（Navier-Stokes 方程）、1 个质量守恒方程（连续性方程）、1 个热力学能量守恒方程和 1 个状态方程组成。它们全面地描述了风速、气压、气温、空气密度等参数在三维空间的分布情况及随着时间推移的变化情况。显热通量可以表示为热量阻抗、大气密度等的函数,即：

$$H = -\rho C_p K_T \frac{\partial T}{\partial Z} \tag{2-17}$$

式中:ρ 为空气密度,标准状态下为 $1.29 \times 10^{-3} \ g/cm^3$;$C_p$ 为空气比热容,$J/kg \cdot ℃$;$\frac{\partial T}{\partial Z}$ 为垂直空气温度梯度;K_T 为湍流热交换系数。

Brown 和 Rosenberg 根据能量平衡原理,提出了显热通量的阻抗模型;Penmam-Monteith 等对该模型进行了实例化：

$$H = -\rho C_p(T_a - T_0)/r_a \tag{2-18}$$

式中:T_0 为蒸散表面温度（裸土:地面温度;植被覆盖地区:冠层表面温度）;T_a 为空气温度（高度 $Z = 2.0 \ m$）;r_a 为空气动力阻抗,它依赖于地球表面的粗糙度。

在上式中,地表温度和空气温度可以由卫星热红外通道的辐射值反演,和空气密度、空气比热容可以用常规方法获得,空气动力学阻抗是一系列系统阻力的函数,其组成要素和参数率定的详细说明参见文献[139]。

2.4.3　土壤热通量计算

土壤热通量是借助分子热传导地方式实现的,其大小与土壤的温度梯度和土壤导热率成正比:

$$Q_s = -\lambda \frac{\partial T}{\partial Z} \tag{2-19}$$

式中:Q_s 为土壤热通量;λ 为土壤导热率;$\frac{\partial T}{\partial Z}$ 为热流方向的温度梯度。

进一步的研究表明,地表土壤热通量 G_0(高度 $Z=0$)可以由下式计算:

$$G_0 = R_n \cdot [\Gamma_c + (1-f_c) \cdot (\Gamma_s - \Gamma_c)] \tag{2-20}$$

式中:G_0 为地面土壤热通量;Γ_c 为冠层比例系数;Γ_s 为裸土比例系数;f_c 为植被覆盖率。

在地表全部被植被覆盖时,地面土壤热通量 G_0 与净辐射 R_n 的比值 $\Gamma_c = 0.05$,而裸土时,$\Gamma_s = 0.315$。在植被部分覆盖地区,引入参数—植被覆盖率 f_c 来描述植被的不同覆盖程度,而 f_c 从遥感数据中获得:

$$f_c = \frac{\text{NDVI} - \text{NDVI}_{\min}}{\text{NDVI}_{\max} - \text{NDVI}_{\min}} \tag{2-21}$$

式中:f_c 表示植被覆盖度;$\text{NDVI}_{\min}$ 和 $\text{NDVI}_{\max}$ 分别是植被覆盖为 5% 和 98% 时的 NDVI 值。根据我国主要农作物产区的 NOAA AVHRR 资料,植被覆盖为 5% 左右时,NDVI 趋近于 0,为计算方便,$\text{NDVI}_{\min}$ 一般取接近于 0 的数,如 0.001;植被接近全覆盖时,NDVI 一般小于或等于 0.5 左右,故取 $\text{NDVI}_{\max} = 0.5$。

2.4.4　潜热通量的计算

潜热通量是水分相变过程中消耗的能量,主要用于克服水气相面间的水汽压力差。通过上述推导过程,可以总结出能量平衡方程(式 2-9)中的各项,从而得出潜热通量 LE。其中 L 为汽化热通量,单位为 J/kg,可用下式计算:

$$L = [2.501 - 0.00237 T_{air}] \times 10^6 \tag{2-22}$$

式中:T_{air} 为气温,℃。

卫星遥感以一定的时间间隔对地面进行采样,例如,对应美国的陆地资源卫星 Landsat 来说,其间隔为 16 天,极轨气象卫星如 NOAA 为 1 天,中尺度的 Terra MODIS 为 12 h,而静止气象卫星则每小时观测一次。无论是哪种信息源,其反映的都是地表某一特定时刻的状态,因此在实际应用中还存在从某时刻的值到某时段(如每天)值的转换过程。

在求出蒸发比以后,日蒸发量可以由式(2-23)确定[139]:

$$E_{daily} = 8.64 \times 10^7 \times \Lambda_0^{24} \times \frac{R_n - G_0}{\lambda \rho_w} \tag{2-23}$$

式中:E_{daily} 为实际日蒸发量,mm/d;Λ_0^{24} 为日蒸发比,在蒸发比已知的情况下可通过 SEBS 估算;R_n 为日净辐射通量;G_0 为土壤日热通量;λ 为汽化潜热通量,J/kg;ρ_w 为水的密度,kg/m³。

由于白天的下行通量与夜间的上行通量大致相当,所以土壤日热通量约等于零。因此,日蒸发量仅仅取决于净辐射通量:

$$E_{daily} = 8.64 \times 10^7 \times \Lambda_0^{24} \times \frac{R_n}{\lambda \rho_w} \tag{2-24}$$

第3章　能源植物发展的土地资源潜力分析与评价

3.1　适宜能源植物发展的土地资源潜力评价方法

进行适宜生物液体燃料发展的土地资源潜力分析是发展生物液体燃料产业的前提。我国拥有大量的可用于生物能源开发的后备土地资源和林业资源[87]。

土地适宜性是指某种土地类型满足某种作物或特定土地利用方式的生态要求的程度,因此土地适宜性是针对特定的土地利用方式而言的[140]。土地适宜性评价概括起来可以分为两类:一类是根据不同的用途可以分为宜农、宜林、宜牧、宜渔、宜灌溉等;另一类是根据作物或土地利用方式的适宜程度分为适宜、较适宜、勉强适宜、不适宜等。土地适宜性等级受气候、土壤、地貌、水文、经济发展水平与模式等众多自然与经济社会因素的影响,因此土地适宜性评价一般需要综合考虑这些因素[2]。

目前国际上有多种土地资源适宜性评价方法,如层次分析法、农业生态区法、多因子综合评价法等。研究多采用多因子综合评价方法[141],即综合考虑影响能源植物种植的气候、坡度、土壤、土地利用类型及社会经济因素,对中国适宜生物能源作物发展的土地资源潜力进行研究。其中,多因子综合评价法可以针对作物特点制定评价指标,具有灵活、适用性强等优点,已被广泛用于针对不同作物、不同的土地利用方式的评价[141,142]。

多因子综合评价法的具体步骤如下:(1)根据生物能源发展必须遵循"不与粮争地"的原则,结合国家相关法规及适宜生物能源作物发展的土地资源自身的特点,将耕地、有林地、沼泽地、水体、建设用地等土地利用类型扣除,适宜于开垦种植能源作物的土地利用类型包括草地、疏林地、灌木林、滩涂与滩地、盐碱地、裸土地6种类型;(2)为防止与生态环境保护争地,凡列入国家各类保护区的土地均予以扣除;(3)考虑到国家发展畜牧业的需求,将我国的五大牧场(青海、新疆、内蒙古、西藏、宁夏)所在省区的高、中覆盖度草地全部扣除;(4)通过查阅已有文献并咨询相关专家,设定典型能源植物对温度、水分、坡度和土壤等条件的要求下限,对适宜生物能源作物发展的土地资源进行多因素综合评价;(5)考虑发展生物能源作物的原料能力密度和运输成本等问题,对评价结果进行集中连片分析,计算得出具备规模化开发潜力的适宜生物能源作物发展的土地资源数量(图3-1)。

本研究利用现有数据,选取对环境要求较低及具有抗旱、耐寒、适应性广等特点的典型能源植物菊芋[50]生长所需自然条件作为各指标下限,进行分析、筛选,研究我国潜在适宜生物能源作物发展的土地资源的空间分布。具体指标如表3-1所示。

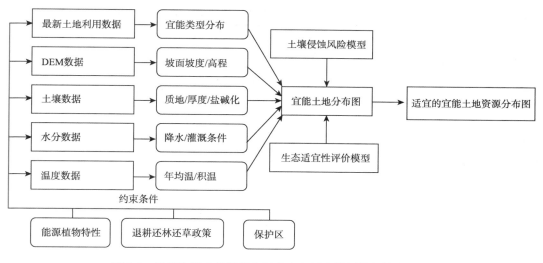

图 3-1 宜能边际土地资源空间分布与适宜性评价的技术流程

表 3-1 中国适宜生物能源作物发展的土地资源潜力指标下限

指标名称	适宜条件
坡度条件	$<25°$
土壤有机质含量(%)	>1.5
有效土层厚度(cm)	北方地区$\geqslant30$
	南方地区$\geqslant20$
水分条件	年降水量$\geqslant160$ mm
温度条件	$\geqslant0℃$年积温$\geqslant2000℃·d$
集中连片最小面积(hm²)	200

注:北方地区包括黄淮海地区、东北区、黄土高原区、西北干旱区、青藏高原区;南方地区包括华南区、四川盆地和长江中下游区、云贵高原区;各指标根据文献记载的菊芋对自然环境的要求并咨询相关专家确定。

3.2 我国适宜生物能源作物发展的土地资源潜力评价

根据上述数据与方法,本节对温度、水分、坡度和土壤条件等因素进行综合评价,对适宜生物能源作物发展的土地资源总量及空间分布进行分析如下。

3.2.1 适宜生物能源作物发展的土地资源总量

中国现有适宜于开垦种植能源作物的适宜生物能源作物发展的土地资源包括灌丛、疏林地、草地、滩涂与滩地、盐碱地、裸土地 6 类,总量为 13034.430×10⁴ hm²(表 3-2),其组成以灌丛、草地和疏林地为主,三者总量共 12512.618×10⁴ hm²,占总量的 96%;其次为滩涂与滩地、盐碱地,分别占总量的 1.671%、1.916%;而可供利用的裸地面积较少,仅占总量的 0.417%。按照 60% 的平均垦殖指数计算[143],我国现有可利用的适宜生物能源作物发展的土地资源共 7820.658×10⁴ hm²。这一结果与其他学者估算的适宜生物能源作物发展的土地资源数量非常接近[90]。

表 3-2　中国适宜生物能源作物发展的土地资源　（单位：万 hm²）

省份	灌丛	疏林地	高覆盖度草地	中覆盖度草地	低覆盖度草地	滩涂与滩地	盐碱地	裸土地	总量
黑龙江	89.488	25.758	107.358	65.720	16.430	64.710	34.353	0.943	404.758
内蒙古	107.030	33.218	0.000	0.000	535.230	23.885	124.423	1.963	825.748
新疆	11.903	7.058	0.000	0.000	389.203	3.920	17.835	39.868	469.785
吉林	28.005	51.228	27.260	31.268	1.973	12.575	63.783	0.020	216.110
辽宁	37.773	98.390	4.380	74.343	10.778	14.445	0.198	0.055	240.360
河北	140.623	21.693	180.270	97.195	19.188	10.520	0.738	0.233	470.458
甘肃	41.403	41.065	63.110	384.710	212.733	1.748	0.713	4.038	749.518
北京	18.545	7.578	10.295	1.328	0.653	1.588	0.000	0.000	39.985
山西	151.433	67.350	102.268	115.528	235.340	2.973	0.425	0.128	675.443
天津	0.270	0.208	1.038	0.460	0.005	1.973	0.090	0.013	4.055
陕西	147.925	117.358	173.350	511.078	142.918	4.365	0.858	0.438	1098.288
宁夏	9.653	4.303	0.018	0.570	117.415	2.573	1.315	3.843	139.688
青海	0.403	0.285	0.000	0.000	19.068	0.235	0.338	0.275	20.603
山东	13.988	14.970	31.645	63.248	22.948	4.918	4.498	0.048	156.260
西藏	28.503	46.950	0.000	0.000	3.363	1.440	0.000	0.000	80.255
河南	31.798	12.645	58.155	24.423	3.238	7.090	0.100	0.013	137.460
江苏	3.115	4.545	4.048	0.053	0.063	12.933	0.000	0.003	24.758
安徽	83.155	3.143	77.090	0.060	0.055	9.050	0.000	0.000	172.553
四川	278.950	193.220	98.070	137.150	6.388	3.188	0.000	0.000	716.965
湖北	211.290	305.420	35.883	25.458	1.165	8.360	0.000	0.068	587.643
重庆	108.540	99.025	14.175	101.240	4.530	0.085	0.000	0.000	327.595
上海	0.000	0.000	0.010	0.000	0.000	0.000	0.000	0.000	0.010
浙江	9.615	35.548	8.918	1.515	0.618	0.998	0.000	0.035	57.245
湖南	72.203	295.175	49.878	10.168	0.480	8.323	0.000	0.060	436.285
江西	85.370	209.250	39.508	20.443	0.813	8.295	0.000	0.088	363.765
云南	862.055	416.163	511.305	233.463	9.318	1.043	0.000	1.368	2034.713
贵州	491.063	303.393	15.683	274.168	31.705	0.023	0.000	0.000	1116.033
福建	61.775	126.428	81.640	40.130	12.758	1.088	0.000	0.388	324.205
广西	403.998	298.660	151.075	25.175	0.873	1.855	0.000	0.088	881.723
广东	59.805	105.073	51.980	7.633	0.070	2.960	0.063	0.363	227.945
海南	20.645	6.385	5.170	1.245	0.175	0.605	0.000	0.000	34.225
合计	3610.315	2951.478	1903.575	2247.765	1799.485	217.758	249.725	54.330	13034.430
百分比(%)	27.698	22.644	14.604	17.245	13.806	1.671	1.916	0.417	100

注：不含港、澳、台。

3.2.2　适宜生物能源作物发展的土地资源空间分布

中国适宜生物能源作物发展的土地资源总量丰富,但区域差异悬殊,分布不均。从各省(区、市)的分布来看,云南的潜力最大,达到 2034.713×10^4 hm^2。适宜生物能源作物发展的土地资源总量在 500×10^4 hm^2 以上的省区分别为云南(2034.713×10^4 hm^2)、贵州(1116.033×10^4 hm^2)、陕西(1098.288×10^4 hm^2)、广西(881.723×10^4 hm^2)、内蒙古(825.748×10^4 hm^2)、甘肃(749.518×10^4 hm^2)、四川(716.965×10^4 hm^2)、山西(675.443×10^4 hm^2)、湖北(587.643×10^4 hm^2)(图 3-3,见书后彩插)。由图可知,我国宜能边际土地资源集中分布在我国西南、东北、西北等地区,这些地区较适合规模化生产,因此国家发展生物能源产业布局可以优先考虑这些省区。

中国适宜生物能源作物发展的土地资源的空间分布总体呈现出东南沿海少、西南地区多,在西南云贵高原、西北黄土高原地区成片分布的特征(图 3-2,3-3)。中国东南沿海各省(区、市)(如上海、山东、江苏、浙江、广东等)经济较发达,人口稠密,土地利用集约度高,各项用地以农用地和建设用地为主,边际土地资源相对较少,主要为疏林地(图 3-3),且分布较分散,规模开发难度大。西南地区各省(区、市),尤其是云贵高原地区,适宜生物能源作物发展的土地资源总量大,约占全国总量的 39.1%,且成片分布,以疏林地和草地为主,加之这些地区光、温、水条件都较好,因此这一地区将作为今后发展能源植物种植的优势地区。但这一地区石漠化风险较高,在发展生物能源种植时要充分考虑对生态环境的影响。西北地区边际土地资源分布不均,在黄土高原地区呈带状分布,这一地区边际土地总量占全国总量的 19.9%,以草地为主。新疆的边际土地主要分布在天山山脉北侧,以草地、疏林地为主,虽然边际土地总量较大且规模分布,但该地区温度偏低且降水较少,只能种植耐寒、耐旱型能源植物,且受到灌溉水源限制,开发难度较大。内蒙古的边际土地资源总量较大,以低覆盖度草地为主,但由于该区生态环境脆弱,因此在利用时要防止草原退化、土地沙漠化等问题,利用难度较大。东北地区边际土地分布较为分散,在与内蒙古的交界处分布相对集中,此处地势较平坦,土壤肥沃,降水适中,但温度偏低,适宜规模种植耐寒型能源植物。

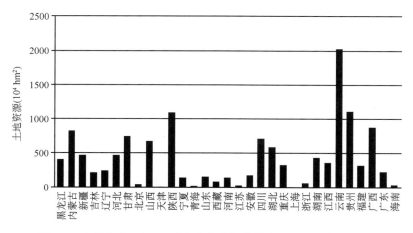

图 3-2　中国各省(区、市)适宜生物能源作物发展的土地资源总量

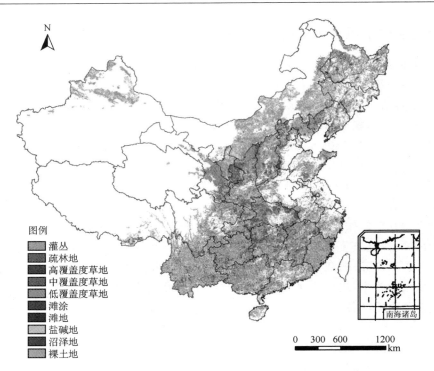

图 3-3　我国潜在适宜生物能源作物发展的土地资源空间分布图

　　综上,我国西南地区适宜生物能源作物发展的土地资源最为丰富,且成片分布,加之这些地区光、温、水条件都较好,适宜多种生物液体燃料作物种植,因此本研究选取这一地区进行深入研究。

3.3　典型能源植物的土地资源潜力分析

　　能源植物(energy plant)又称生物质燃料油植物,通常指那些富含油脂的、可产生接近石油成分或可替代石油使用产品的植物[16]。在我国新能源"十二五"发展规划中,重点关注的能源物种有木薯、麻疯树、黄连木、菊芋等,黄连木(*Pistacia chinensis Bunge*),又称中国黄连木,别名黄楝、楷木,漆树科黄连木属落叶乔木,是广泛分布于我国的重要木本油料树种之一[144],黄连木油脂生产的生物柴油碳链长度与普通柴油主要成分的碳链长度极为接近,黄连木油脂非常适合用来生产生物柴油。前人对黄连木的资源分布状况有一些记载,国内外一些学者对黄连木品种的选育、生长及利用状况进行了调查研究[8,15,16,144-147],也对利用麻疯树等为原料生产生物柴油的可行性、生产工艺及产量等进行了研究[61,148-151]。但是对于黄连木作为生物燃料原料作物种植的土地资源适宜性的研究很少,而目前在适用于可种植黄连木的宜能边际土地的规模及黄连木的生产潜力方面,尚未见全国尺度的研究成果。

　　边际土地是指因当前土地用途相对不经济而有可能向其他用途转变(包括闲置不用)的土地[152],根据黄连木的生长条件,本研究估算我国适宜黄连木生长的宜能边际土地规模和可生产生物柴油的潜力,以便为政府制定产业政策和企业投资决策提供科学的基础数据,也对发展我国生物柴油产业,推动我国生物质能源的开发利用,缓解我国能源短缺的状况,整合宜能边际土地资源具有重大的战略意义。

3.3.1　黄连木的生态适宜性分析

目前,国内外对于黄连木生长的适宜性等级还没有统一的规划标准,但是国内外已有不少学者对黄连木生长与温度、水分、土壤等因子之间的关系进行了研究[8,15,16,144-146,153-155],本研究结合已有研究成果构建了黄连木生长自然条件区划指标体系。

(1)温度条件。黄连木适宜性强、分布广泛,遍布华北、华中、华南等 23 个省(区、市),以河北、河南、安徽、陕西 4 省最为集中[8]。黄连木在我国的分布区横跨温带、亚热带、热带,分布区内年平均气温 11.5～21.0℃,1 月平均气温−4.2～17.2℃,7 月平均气温 20.8～28.8℃,绝对最高气温 43.6℃,绝对最低气温−23.6℃,年平均日照时数 1550.0～2696.9 h,无霜期 160 d以上[144]。综合已有研究成果和专家意见,本研究选取年平均温度、年极端最低气温和≥10℃积温作为评价指标,具体见表 3-3。

(2)水分条件。我国主要黄连木分布地区年平均降水量 400.0～2371.3 mm[16]。有研究表明,在年降水量高于 300 mm 的地区即可满足黄连木正常生长的需要[153]。据调查[144],在黄连木集中分布区年降水量为 400～750 mm,次集中分布区年降水量为 694.5～1864.7 mm。本研究根据以上文献,综合划分适宜黄连木生长的水分区划等级,具体见表 3-3。

(3)土壤条件。黄连木根深、抗旱、耐干旱瘠薄,对土壤酸碱度适应范围较广,在石灰岩山地的干旱阳坡也可繁衍生长[156]。土壤母岩以石灰岩为主,土壤类型以褐土为主,pH 值 5.5～7.8,土层厚度从裸露的岩石到 50 cm 左右不一。对于土壤评价指标的选择,目前还没有统一标准,由于我国各类型土壤有机质含量差异较大,本研究选取有机质含量 1.5％以上的土壤作为黄连木生长的土壤要求,并选取土壤有效深度作为评价指标,具体见表 3-3。

(4)坡度条件。依据中国环境保护政策确定可种植的土壤坡度上限为 25°,大于 25°为陡坡地,侵蚀强烈,水土流失严重,不宜垦种[142]。本研究结合黄连木能源树的种植要求,将坡度进行适宜度划分,具体见表 3-3。

表 3-3　黄连木生长适宜性因子及条件

评价指标		适宜	较适宜	不适宜
温度条件	年均气温(℃)	11.5～15.9	5.8～11.5 或 15.9～28.4	≤5.8 或≥28.4
	年均极端最低气温(℃)	≥−15	−26.5～−15	≤−23.6
	≥10℃积温(℃·d)	≥3800	1180～3800	≤1180
水分条件	年均降水量(mm)	400～1300	1300～1900	≥1900 或≤400
土壤条件	有效深度(cm)	60	30	≤30
坡度条件	坡度(°)	15	25	≥25

3.3.2　适宜于黄连木种植的边际土地识别与评价

目前国际上有多种土地适宜性评价方法,如层次分析法、农业生态区法、多因子综合评价法等,其中,多因子综合评价法可以针对作物特点制定评价指标,具有灵活、适用性强等优点,已被广泛用于针对不同作物、不同的土地利用方式的评价[141,142]。

社会经济因素限制法主要限制因子:①根据生物能源发展必须遵循"不与粮争地"的原则,结合国家相关法规及适宜黄连木生长的土地资源自身的特点,适宜于开垦种植能源作物的土地利用类型包括灌木林、草地、疏林地、滩涂与滩地、盐碱地、裸土地等6种类型;②自然保护区是提供生态系统的天然本地,在涵养水源、保持水土、改善环境和保持生态平衡等方面发挥重要作用;湿地是全球价值最高的生态系统之一,在水分和物质循环中起重要作用[158],为防止与生态环境保护区争地,凡列入国家各类保护区的各种土地须予以扣除;③我国滩涂滩地、盐碱地和裸土地土壤较贫瘠,难以利用,一些高覆盖度草地和中覆盖度草地优先发展畜牧业,某些灌木林地和疏林地又是一些特殊树种的种植地,所以本研究引用平均垦殖指数[143],即60%的土地可用于种植黄连木。

考虑能源植物特性和发展生物能源作物的原料能力密度和运输成本等问题,计算得出具备规模化开发潜力的适宜生物能源作物发展的土地最小连片面积不小于200 hm²[157]。本研究采用多因子综合评价法和社会经济因素限制法对适宜黄连木生长地区的土地适宜性进行评价,技术流程图如图3-4所示。

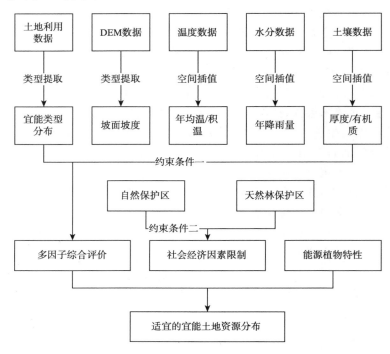

图3-4　黄连木宜能边际土地资源空间分布与适宜性评价的技术流程

黄连木生长区域土地适宜性评价的具体步骤为:(1)基于已有研究[8,15,16,85,144-146],提取适宜黄连木生长的宜能边际土地利用类型,主要包括灌木林、疏林地、天然草地(不包括已列入天然保护林、自然保护区、野生动植物保护区、水源林保护区、水土保持区、防护林区的疏林地、灌木林地和草地)[26]和未利用地(主要包括盐碱地、裸土地和沿海滩涂);(2)根据已有文献[16,17,145,146,156],设定黄连木对温度、水分、土壤、坡度等自然条件的要求,并将这些自然条件划分为适宜、较适宜和不适宜三等级;(3)利用温度、水分、土壤、坡度等数据,对土地资源进行多因子适宜性评价,获得黄连木可能的适宜、较适宜和不适宜分布区;(4)基于社会经济、环境和能源植物特性等约束条件对初步评价结果进行修正。

3.3.3　结果分析

基于上述数据与研究方法,本书对我国适宜生物液体燃料原料作物黄连木生长的土地资源适宜性进行了评价,主要结果按照多因子综合评价并结合调研文献、经济社会及环境因素综合修正分析。

3.3.3.1　黄连木土地适宜性多因子评价结果

根据多因子综合评价法,按照黄连木对温度、水分、土壤和坡度 4 个因子的适宜、较适宜和不适宜的判断条件,进行土地适宜性综合评价,应用 GIS 空间统计方法对我国黄连木各类宜能边际土地利用进行分析,如图 3-5(见书后彩插)所示。

基于宜能边际土地利用适宜性空间分布分析结果,本书得到黄连木土地适宜性多因子评价结果的空间分布结果,如图 3-6(见书后彩插)所示。

空间统计结果表明,我国黄连木各类宜能边际土地中,适宜生长的土地面积为 1827.76×10^4 hm²,较适宜生长的土地面积为 2757.43×10^4 hm²,具有较大的发展潜力。适宜生长的土地利用类型以灌木林地为主,为 643.89×10^4 hm²,占适宜生长面积的 35.23%,其次是疏林地和中覆盖度草地,依次为 437.05×10^4 hm² 和 380.51×10^4 hm²,分别占适宜生长面积的 23.91% 和 20.82%,三者占适宜生长总面积的 79.96%;较适宜生长的土地利用类型以中覆盖度草地为主,为 816.81×10^4 hm²,其次是灌木林地 625.03×10^4 hm²、高覆盖度草地 443.78×10^4 hm² 和低覆盖度草地 450.55×10^4 hm²,分别占较适宜生长面积的 29.62%、22.67%、16.09% 和 16.34%,占较适宜生长总面积的 84.72%。可以看出各类型土地中,灌木林地和天然草地是适宜或较适宜黄连木种植的主要土地利用类型,具有较大发展潜力。

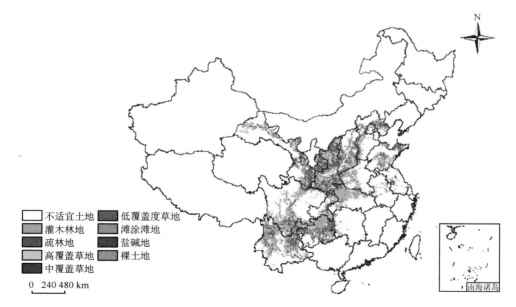

图 3-5　各类型适宜和较适宜黄连木生长的面积分布

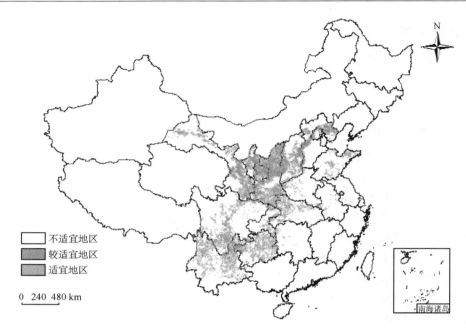

图 3-6　黄连木宜能边际土地适宜性空间分布

由图 3-6 可看出,我国适宜黄连木种植的宜能边际土地空间分布整体上呈现东北—西南走向,适宜种植区和较适宜种植区分别有两条比较明显的东北—西南走向线。主要集中在华北太行山、华中、西北黄土高原、西南云贵高原等地区,而东南沿海各省区(如山东、江苏、浙江、广东等)经济较发达,土地利用集约度高,各项用地以农用地和建设用地为主,适宜生长的黄连木土地较少。黄连木宜能边际土地总体上呈现连续分布,北方如河北、河南、山西、陕西、宁夏和甘肃等地,南方如云南、贵州、重庆和湖北等地;部分地区呈间断分布,如四川和山东两省;少部分零星分布,如安徽、江苏、湖南和西藏等地。侯新村等[144]通过几年对黄连木资源实地调查研究,得出我国黄连木的地理分布规律:分布轮廓整体上呈东北—西南走向,集中分布区为河北、河南、山西和陕西等地。此研究结果与本书评价结果较一致。

3.3.3.2　分省评价结果

我国适宜黄连木发展的土地资源总量比较丰富,但区域差异比较悬殊,各省分布不均。黄连木宜能边际土地适宜性空间分布总体呈现出东南沿海少、中原和西南地区多,如表 3-4、图 3-7 和图 3-8(见书后彩插)所示。

表 3-4　各省(区、市)多因子土地适宜性评价结果(10⁴ hm²)

土地类型	灌木林	疏林地	高覆盖草地	中覆盖草地	低覆盖草地	滩涂滩地	盐碱地	裸土地	合计
	适宜/较适宜	适宜/较适宜	适宜/较适宜	适宜/较适宜	适宜/较适宜	适宜/较适宜	适宜/较适宜	适宜/较适宜	适宜/较适宜
北京	0.08/16.92	0.16/6.93	0.33/8.53	0.14/1.1	0.05/0.48	0.15/0.79	0/0	0/0	0.91/34.75
河北	0.84/70.86	0.6/16.45	9.7/92.01	8.29/32.49	4.92/8.78	5.22/5.76	0.05/0.24	0.05/0.12	29.67/226.71
山西	2.21/79.77	1.8/46.39	3.14/75.2	2.23/53.33	6.66/130.87	0.71/3.41	0.07/0.43	0/0.22	16.82/389.62

续表

土地类型	灌木林 适宜/较适宜	疏林地 适宜/较适宜	高覆盖草地 适宜/较适宜	中覆盖草地 适宜/较适宜	低覆盖草地 适宜/较适宜	滩涂滩地 适宜/较适宜	盐碱地 适宜/较适宜	裸土地 适宜/较适宜	合计 适宜/较适宜
安徽	9.04/4.17	1.04/0.15	21.66/6.47	0.06/0	0.02/0.01	3.27/0	0/0	0/0	35.09/10.8
山东	6.65/8.45	5.76/8.85	19.23/11.92	37.19/19.17	15.99/5.36	6.29/1.15	6.61/0	0.04/0	97.76/54.9
河南	22.01/5.08	10.3/2.71	36.95/16.42	22.32/2.51	3.14/0.09	7.14/0.84	0.02/0	0.01/0.02	101.89/27.67
湖北	92.48/49.59	109.66/39.81	8.52/16.11	7.83/8.85	0.26/0.65	1.97/0	0/0	0.02/0	220.74/115.01
湖南	11.91/1.17	29.03/0.98	3.85/3.33	1.35/0.14	0.11/0.01	0.04/0	0/0	0.02/0	46.31/5.63
重庆	38.21/22.36	29.45/8.84	4.93/3.1	24.62/12.4	0.74/0.93	0.04/0	0/0	0/0	97.99/47.63
四川	52.56/114.25	41.49/22.69	23.65/34.83	27.74/49.01	1.02/6.78	1.22/0.1	0/0	0/0.02	147.68/227.68
贵州	215.94/42.13	92.51/7.47	9.43/2.17	86.86/32.41	9.79/0.81	0.03/0	0/0	0/0	414.56/84.99
云南	176.52/64.04	94.41/48.2	107.03/48.75	83.66/22.14	2.15/3.72	0.18/0.15	0/0	0.19/0	464.14/187
陕西	6.61/100.32	14.66/71.29	14.61/71.29	72.95/294.51	5.33/80.12	1.62/3.87	0.23/1.14	0.01/0.61	116.02/625.66
甘肃	0.47/39.75	0.18/40.47	0.59/49.48	4.47/210.7	0.5/138.66	0/5.12	0/48.04	0/15.91	6.21/548.13
江苏	2.51/—	4.47/—	2.7/—	0.21/—	0.04/—	7.8/—	0/—	0/—	17.73/
西藏	5.85/—	1.53/—	6.25/—	0.59/—	0.01/—	0.01/—	0/—	0/—	14.24/
宁夏	—/6.17	—/2.14	—/4.17	—/78.05	—/73.28	—/3.39	—/2.59	—/1.46	—/171.25
合计	643.89/625.03	437.05/325.88	272.57/443.78	380.51/816.81	50.73/450.55	35.69/24.58	6.98/52.44	0.34/18.36	1827.76/2757.43

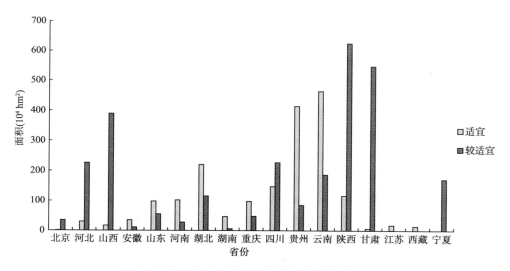

图 3-7　各省(区、市)多因子土地适宜性评价后面积

从各省(区、市)分布情况来看,适宜种植黄连木的省份中,云南省的面积最大,为 464.14×
10⁴ hm²,占全部适宜面积的 25.39%;其次是贵州省的 414.56×10⁴ hm² 和湖北省的 220.74×
10⁴ hm²,适宜黄连木种植潜力较大的省份主要集中在西南地区;面积最小的是北京市,仅为
0.91×10⁴ hm²。较适宜种植黄连木的地区中,陕西省的面积最大,为 625.66×10⁴ hm²,占全
部较适宜种植面积的 22.69%;其次是甘肃省和山西省,分别为 548.13×10⁴ hm² 和 389.62×
10⁴ hm²,较适宜黄连木种植潜力较大的省份主要集中在华北地区;面积最小的是湖南省,为

$5.63×10^4$ hm^2。综合适宜种植和较适宜种植黄连木的省份,种植潜力最大的省份依次是:陕西省、云南省和甘肃省,种植面积分别为 $741.68×10^4$ hm^2、$651.14×10^4$ hm^2 和 $554.34×10^4$ hm^2,分别占总面积的 16.18％、14.20％和 12.09％;种植潜力最小的省份依次是:西藏、江苏和北京,面积分别为 $14.24×10^4$ hm^2、$17.73×10^4$ hm^2 和 $35.66×10^4$ hm^2,仅占 0.31％、0.39％和 0.78％。

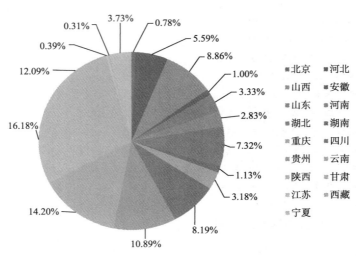

图 3-8　各省(区、市)多因子土地适宜性评价后面积百分比

3.3.3.3　边际土地结果的进一步修正

国家相关政策、法规等社会经济因素都会对适宜生物能源作物发展的土地资源开发利用产生重要影响。我国天然林资源保护工程二期主要涉及的地区包括长江上游、黄河中上游地区和内蒙古、东北等 17 个省(区、市),本研究的黄连木适合生长的省份包括在内,而灌木林是提供生态服务、确保生态的主要屏障,根据现有林业政策法规[159],灌木林地不能轻易改变其用途,故从上述结果中扣除灌木林。修正后的结果如图 3-9 所示。

扣除灌木林后,适宜黄连木种植的各土地利用类型总面积为 $1183.87×10^4$ hm^2,较适宜生长的总面积为 $2132.40×10^4$ hm^2,按照 60％的平均垦殖指数计算[143],共有 $1989.76×10^4$ hm^2 的土地可用来发展黄连木种植。中覆盖度草地指覆盖度为 20％～50％的天然草地和改良草地,是修正后面积最大的适宜种植黄连木的土地利用类型,可开垦面积为 $718.39×10^4$ hm^2,约占全部适宜和较适宜面积的 36.10％;其次是疏林地和高覆盖度草地,面积最小的是裸土地,可开垦面积仅为 $11.22×10^4$ hm^2,约占全部可开垦面积的 0.56％。

3.3.3.4　发展黄连木的能源潜力估算

按照适宜、较适宜种植黄连木的土地等级,一等宜能荒地生物柴油单位面积生产能力为 3.5 t/hm^2,二等宜能荒地生物柴油单位面积生产能力为 2.5 t/hm^2[85],我国适宜种植黄连木地区可获得约 2486.12 万 t 生物柴油,较适宜种植地区可收获生物柴油约 3198.6 万 t。修正后综合适宜种植和较适宜种植黄连木的省份,种植潜力最大的省份依次是:陕西省、甘肃省和云南省,可开垦面积分别为 $380.85×10^4$ hm^2、$308.47×10^4$ hm^2 和 $246.35×10^4$ hm^2,平均每年可生产生物柴油约 1017.77 万 t、774.62 万 t 和 788.44 万 t。

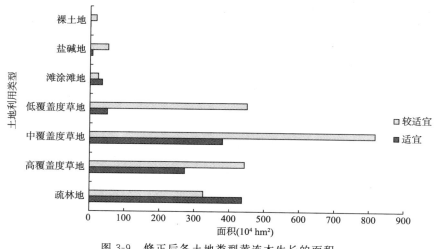

图 3-9　修正后各土地类型黄连木生长的面积

3.3.4　结论与讨论

自 2006 年以来,国家林业局及相关省份相继制定了规模较为宏大的林业生物柴油发展规划,并在政府与相关企业的积极参与下,开始大规模营造生物柴油原料林基地,林业生物柴油加工示范项目也已获得国家正式批准,目前正在准备筹建之中[2,160],河北、河南、陕西、安徽等省份也已开始规划能源林基地。在我国,以黄连木为代表的林业生物柴油产业已经呈现快速发展态势,但作为一个新兴产业,未来的发展仍然面临诸多的挑战与不确定性。本书基于土地利用数据、遥感数据、气象数据和土壤数据,以及黄连木生长对自然条件的要求标准,采用多因子综合评价法及政策因素限制,对我国黄连木土地适宜性进行了尝试性评价,得出的主要结论与讨论如下。

(1)从总体土地发展潜力来看,考虑政策等限制因素,我国可开垦黄连木生长的宜能边际土地总量为 1989.76×10⁴ hm²,其中,适宜等级土地面积为 710.32×10⁴ hm²,较适宜等级土地面积为 1279.44×10⁴ hm²,可获得约 5684.72 万 t 生物柴油,具有较大的发展潜力。

(2)从各省情况来看,陕西省土地潜力最大,其次分别是甘肃省和云南省,分别占总适宜垦殖宜能边际土地面积的 19.14%、15.50% 和 12.38%,平均每年可生产约 1017.77 万 t、774.62 万 t 和 788.44 万 t 生物柴油。其中,陕西和甘肃地处黄河中上游,水、热、光条件优越,适宜黄连木生长;云南省水热条件好,土壤肥沃且土地资源相对集中,适宜于大规模发展黄连木种植。种植潜力最小的省(区、市)依次是:西藏自治区、江苏省和北京市,面积分别仅占 0.31%、0.39% 和 0.78%。这主要是因为西藏自治区地处高原,虽日照条件较好但降雨量很不充沛且土壤贫瘠,只在西藏南部地区有少量适宜种植黄连木的地区;北京市和江苏省经济发达,土地利用集约度高,主要以农用地和建设用地为主,所以适宜黄连木生长的土地也较少。

(3)从土地利用类型来看,进行灌木林修正后,中覆盖度草地是面积最大的适宜种植黄连木的土地利用类型,约占全部适宜和较适宜面积的 36.10%,其次是高覆盖度草地和低覆盖度草地,可能会对当地畜牧业等发展造成影响。因此,在后续研究中需要对黄连木发展可能造成的生态环境影响进行评估,使得对黄连木规模化种植潜力的评估更加科学、合理。

3.4　重点地区宜能土地资源潜力及空间分布

基于表 3-1 中的数据与第 3.2 节中介绍的方法,本书对我国西南五省(区、市)(重庆、四川、贵州、云南、广西)适宜生物液体燃料发展的土地资源适宜性进行了评价,主要结果按照多因子综合评价法并结合经济社会及环境因素综合分析得出的。

3.4.1　麻疯树土地资源适宜性评价结果

在对麻疯树土地资源适宜性单因子评价的基础上进行多因子综合评价,并与土地利用数据相结合,对各种类型土地资源的适宜性进行统计分析,可获得土地资源适宜性综合评价结果。在此基础上与经济社会及环境因素进行综合评价,具体步骤如下:(1)根据生物能源发展必须遵循"不与粮争地"的原则,结合国家相关法规及适宜生物能源作物发展的土地资源自身的特点,将耕地、有林地、灌丛、沼泽地、水体、建设用地等土地利用类型扣除,适宜于开垦种植能源作物的土地利用类型包括草地、疏林地、滩涂与滩地、盐碱地、裸土地 5 种类型;(2)为防止与生态环境保护争地,凡列入国家各类保护区的土地均予以扣除;(3)考虑发展生物能源作物的原料能力密度和运输成本等问题,对评价结果进行集中连片分析,计算得出具备规模化开发潜力的适宜生物能源作物发展的土地资源数量。具体结果如图 3-10、图 3-11(见书后彩插)和表 3-5 所示,并且可以得到如下结论。

(1)总体来看,适宜与较适宜麻疯树发展的土地资源分别为 199.45 万 hm² 和 557.28 万 hm²,其中,适宜的土地资源类型以疏林地和草地为主。

(2)适宜的土地资源主要集中在广西,约占五省(区、市)适宜土地总面积的 87.9%,以疏林地和高覆盖度草地两种类型为主。云南也有部分适宜的土地资源,共 21.83 万公顷,而其他 3 省(市)适宜的土地资源面积较小。这主要是由于麻疯树对温度条件要求较高,温度是限制其发展的最大的因素。

表 3-5　西南五省(区、市)麻疯树多因子土地资源适宜性评价结果　(单位:10⁴ hm²)

	广西		云南		贵州		四川		重庆		五省(区、市)合计	
	适宜	较适宜	适宜	较适宜	适宜	较适宜	适宜	较适宜	适宜	较适宜	适宜	较适宜
疏林地	115.3	137.80	5.30	81.42	0.02	29.03	0.17	11.76	0	8.12	120.8	268.13
高覆盖度草地	50.31	70.3	12.62	108.51	0	0.17	0.11	3.41	0	1.12	63.03	183.51
中覆盖度草地	8.16	9.79	3.22	44.39	0.93	24.40	1.00	12.01	0	6.92	13.31	97.51
低覆盖度草地	0.25	0.59	0.57	2.765	0.05	2.91	0.07	0.29	0	0.19	0.93	6.73
滩涂	0.15	0	0	0	0	0	0	0	0	0	0.15	0
滩地	1	0.54	0.12	0.45	0	0	0	0.23	0	0.03	1.14	1.25
裸土地	0.087	0	0	0.15	0	0	0	0	0	0	0.09	0.15
合计	175.26	219.02	21.83	237.69	1	56.51	1.35	27.7	0	16.38	199.45	557.28

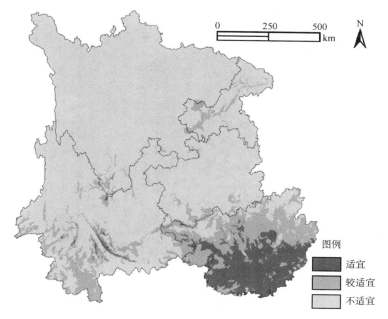

图 3-10　西南五省(区、市)基于多因子综合分析的麻疯树土地适宜性空间分布

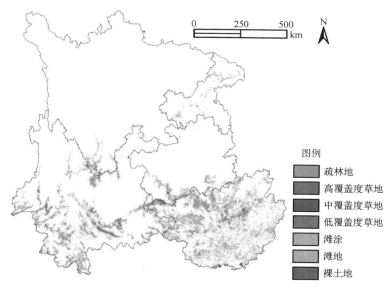

图 3-11　西南五省(区、市)适宜与较适宜麻疯树种植的土地类型空间分布

3.4.2　黄连木土地资源适宜性评价结果

　　参照上述步骤对黄连木土地资源适宜性在单因子评价的基础上进行多因子综合评价,并与土地利用数据相结合,对各种类型土地资源的适宜性进行统计分析,可获得土地资源适宜性综合评价结果。在此基础上与经济社会及环境因素进行综合评价,得到具备规模化开发潜力的适宜生物能源作物发展的土地资源数量。具体结果如图 3-12、图 3-13(见书后彩插)和表 3-6所示,并且可以得到如下结论。

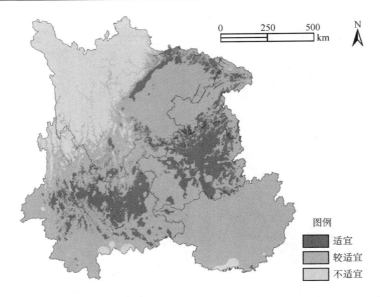

图 3-12　西南五省(区、市)基于多因子综合分析的黄连木土地适宜性空间分布

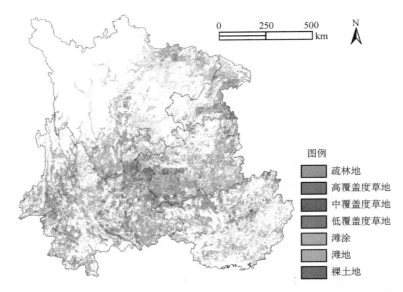

图 3-13　西南五省(区、市)适宜与较适宜黄连木种植的土地类型空间分布

　　(1)总体来看,黄连木在西南五省(区、市)较适宜发展,适宜种植的土地资源较多。具体来看,适宜与较适宜黄连木发展的土地资源分别为 686.22 万 hm² 和 2221.06 万 hm²,其中,适宜的土地资源类型以疏林地、高覆盖度草地和中覆盖度草地为主。

　　(2)适宜的土地资源主要集中在云南和贵州两省,两省适宜的土地资源面积占五省(区、市)适宜土地总面积的 76.6%,疏林地、高覆盖度草地和中覆盖度草地三种类型所占面积最大。四川和重庆也有较多适宜的土地资源,分别为 97.04 万 hm² 和 60.13 万 hm²,而广西适宜黄连木种植的土地资源面积则较小。

表 3-6　西南五省(区、市)黄连木多因子土地资源适宜性评价结果　(单位：10^4 hm²)

	广西		云南		贵州		四川		重庆		五省(区、市)合计	
	适宜	较适宜	适宜	较适宜	适宜	较适宜	适宜	较适宜	适宜	较适宜	适宜	较适宜
疏林地	2.22	292.37	98.84	316.04	107.21	196.08	46.62	146.57	32.03	66.72	286.92	1017.78
高覆盖度草地	0.78	148.91	125.75	372.39	8.08	7.6	18.99	76.33	4.71	9.31	158.31	614.53
中覆盖度草地	0.29	24.61	79.91	152.97	97.41	176.72	30.12	106.73	22.37	78.56	230.10	539.6
低覆盖度草地	0	0.87	0	8.51	0	24.26	0	5.59	0	3.44	0	42.67
滩涂	0	0.05	0.81	0	7.45	0	0.70	0	1.02	0	9.97	0.05
滩地	0	1.56	0.18	0.87	0	0.02	0.61	2.58	0	0.09	0.78	5.11
裸土地	0	0.09	0.14	1.23	0	0	0	0	0	0	0.14	1.32
合计	3.29	468.46	305.63	852.01	220.15	404.68	97.04	337.8	60.13	158.12	686.22	2221.06

3.4.3　木薯土地资源适宜性评价结果

按照上述步骤对木薯的土地资源适宜性进行综合评价，得到具备规模化开发潜力的适宜木薯发展的土地资源数量及空间分布。具体结果如图 3-14、图 3-15(见书后彩插)和表 3-7 所示，并且可以得到如下结论。

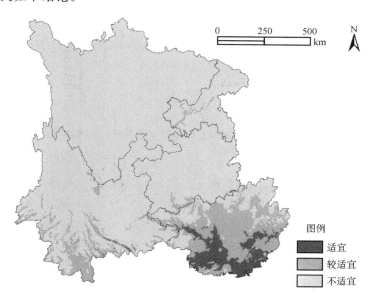

图 3-14　西南五省(区、市)基于多因子综合分析的木薯土地适宜性空间分布

表 3-7　西南五省(区、市)木薯多因子土地资源适宜性评价结果　(单位：10^4 hm²)

	广西		云南		贵州		四川		重庆		五省(区、市)合计	
	适宜	较适宜	适宜	较适宜	适宜	较适宜	适宜	较适宜	适宜	较适宜	适宜	较适宜
疏林地	61.85	157.11	1.17	55.92	0	13.42	0	1.49	0	3.57	63.01	231.51
高覆盖度草地	18.31	81.14	5.77	93.91	0	0.08	0	1.10	0	0.60	24.08	176.83
中覆盖度草地	2.42	13.87	1.29	28.85	0	11.52	0	4.83	0	2.63	3.71	61.70

续表

	广西		云南		贵州		四川		重庆		五省(区、市)合计	
	适宜	较适宜	适宜	较适宜	适宜	较适宜	适宜	较适宜	适宜	较适宜	适宜	较适宜
低覆盖度草地	0.02	0.62	0.18	1.59	0	1.07	0	0.17	0	0.08	0.20	3.52
滩涂	0.04	0.09	0	0.00	0	0	0	0.00	0	0.00	0.04	0.09
滩地	0.58	0.85	0	0.41	0	0	0	0.04	0	0.03	0.58	1.32
裸土地	0.09	0	0	0.07	0	0	0	0	0	0	0.09	0.07
合计	83.31	253.68	8.41	180.75	0	26.09	0	7.63	0	6.91	91.71	475.04

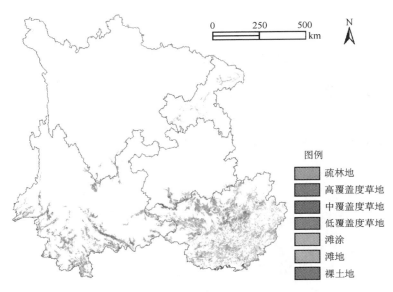

图 3-15 西南五省(区、市)适宜与较适宜木薯种植的土地类型空间分布

（1）总体来看,木薯对环境的要求高于麻疯树和黄连木,特别是对温度条件的要求,因此在西南五省(区、市)适宜木薯种植的土地资源相对较少。具体来看,适宜与较适宜木薯发展的土地资源分别为 91.71 万 hm^2 和 475.04 万 hm^2,其中,适宜的土地资源类型以疏林地、高覆盖度草地和中覆盖度草地三种类型为主。

（2）由于木薯生长受温度影响较大,因此适宜的土地资源主要集中在温度较高的广西,广西适宜木薯种植的土地资源面积占五省(区、市)适宜土地总面积的 90.8%,主要为疏林地和高覆盖度草地两种类型。云南也有少量适宜木薯种植的土地资源,但仅 8.41 万 hm^2。

3.4.4 小结

我国西南五省(区、市)(重庆、四川、贵州、云南、广西)是我国发展生物液体燃料的重点地区,该区域适宜发展生物能源的土地资源比较丰富,适宜发展生物能源的最大土地资源量达 2932.43 万 hm^2,占全国总量的 31.1%,且这一地区气候条件优越,光照、温度、水分等条件适宜多种能源作物生长,因此这一地区已被列为我国生物液体燃料发展的重点地区。国家及相关省区已经制定了各自的发展目标,并已开始大规模发展。例如,云南、四川、贵州三省都已制定了各自的麻疯树发展规划,并且已经着手开始种植麻疯树能源林,准备建立生物柴油加工厂;广西也制定了木薯生产规划,准备重点发展木薯生物燃料乙醇产业。

但是生物液体燃料产业作为一个新兴产业,却面临很多不确定性,目前最大的不确定性便表现在适宜生物液体燃料产业发展的土地资源数量不明确。本研究采用农业生态区法,利用土地利用数据、气象数据、土壤数据及 DEM 数据,根据我国西南地区主要能源作物(麻疯树、黄连木、木薯)对自然条件的要求进行研究,同时考虑兼顾经济社会及环境等限制因素,对西南五省(区、市)生物液体燃料产业发展适宜性及潜力进行了研究,得出如下结论。

(1)我国西南五省(区、市)适宜发展生物能源的土地资源潜力巨大,但真正适宜发展麻疯树和木薯的土地资源规模有限。虽然我国西南五省(区、市)适宜发展生物能源的最大土地资源量可达 2932.43 万 hm²,约占全国总量的 1/3,但由于麻疯树和木薯对温度条件要求都较高,因此在西南五省(区、市)温度是限制这两种作物发展的主要因素。利用农业生态区法对几种作物适宜的土地资源进行分析的结果表明,适宜麻疯树和黄连木生长的土地资源主要分布在广西,而作为麻疯树重点规划发展地区云南省,真正适宜种植麻疯树的土地资源相当有限,仅 21.83 万 hm²,四川和贵州更少,距离这三省制定的 166.7 万 hm² 的目标存在很大差距。四川和贵州两省即便将全部适宜和较适宜的土地资源都用于发展麻疯树也无法满足所制定的目标。由于黄连木对温度条件要求较低,因此西南五省(区、市)适宜其发展的土地资源潜力相对较大,适宜与较适宜黄连木发展的土地资源分别达到 686.22 万 hm² 和 2221.06 万 hm²,数量相当可观。

(2)从分省情况来看,广西由于温度条件较好,适宜发展木薯、麻疯树的土地资源潜力相对较大,其次是云南,也具有一定的木薯、麻疯树种植潜力,但却仍与其规划目标存在相当大的差距。而云南和贵州则是黄连木的适种地区,特别是这两省的东北部,土地资源相对集中,适宜于大规模发展,四川和重庆也都具备一定的黄连木种植潜力。

(3)从土地利用类型来看,疏林地、高覆盖度草地和中覆盖度草地是西南五省(区、市)发展生物液体燃料的主要土地资源类型。但如果大面积利用草地资源种植生物能源作物,可能会对当地畜牧业造成一定的影响[2]。因此,在制定发展规划时要综合考虑行业之间的竞争关系及地方产业政策。

(4)西南五省(区、市)发展生物液体燃料产业要制定科学合理的规划,不应盲目追求速度。发展第 1.5 代生物液体燃料产业不但可以替代传统的化石能源,还能减少碳排放,同时具有"不与粮争地"的优势,具有较好的开发前景。虽然目前该区制定的规划以发展木薯、麻疯树为主,但总体来看西南五省(区、市)发展木薯和麻疯树的土地资源潜力有限,而适宜黄连木种植的土地资源潜力较大,因此应对该区进行科学合理的生物液体燃料产业发展规划,以指导产业发展。

(5)应加强生物液体燃料产业发展的净能量生产潜力及环境影响评价。生物液体燃料从作物种植到燃料生产整个过程中都要消耗大量的化石能源,也会直接或间接产生很多温室气体,因此应加强对生物液体燃料整个生命周期的净能量平衡及碳平衡研究,对该产业发展的能量效益和环境效益进行综合评估。

第4章　能源植物规模化发展的
净能源和环境效益分析

生命周期分析方法(Life Cycle Assessment,LCA)的产生可追溯到20世纪70年代的二次能源危机时期,当时,制造业人士认识到提高能源利用效率的重要性,于是采取一些方法来评估产品生命周期的能耗问题,以求提高总能源利用效率。按国际标准化组织定义:"生命周期分析是对一个产品系统的生命周期中输入、输出及其潜在环境影响的汇编和评价。"根据国家标准GB/T24040的相关说明,生命周期分析须包括4步:目标与范围确定、清单分析、影响评价和结果解释[161]。

4.1　生物液体燃料生命周期净能量平衡模型

4.1.1　模型分析

生命周期净能量平衡模型界定了生物液体燃料生产的系统边界,具体框架如图4-1所示,主要包括3个单元过程:能源作物种植过程、原料运输过程、生物液体燃料生产过程。应用生命周期分析方法对这3个过程的能量消耗、环境影响和经济成本进行数据收集和清单分析[161,162]。

(1)"能源作物种植"单元过程

"能源作物种植"单元过程指从土壤备耕、播种到原料收获的全过程。包括整地、播种(移栽)、施肥、除草、灌溉、收获等活动,整个过程中的输入变量(即投入或消耗)包括种子、化肥、除草剂、杀虫剂、农机及拖拉机消耗的柴油(汽油)等,输出为生物液体燃料的生产原料,即木薯、麻疯树果实等。

(2)"原料运输"单元过程

"原料运输"单元过程指将原料运输到生物液体燃料生产企业,以及将生物液体燃料产品从生产企业运输到加油站的过程。主要计算运输过程中的柴油(汽油)消耗,不考虑汽车耗损及人力消耗。

(2)"生物液体燃料生产"单元过程

"生物液体燃料生产"单元过程是将原料运输到生产企业后,将原料加工成高纯度生物液体燃料的过程。不同原料生产生物液体燃料的具体过程会有所差别,在具体的建模过程中充分考虑了生物液体燃料转化方式的多样性,整个过程的输入变量包括原材料、酵母或酶等各种辅料,以及电、煤、天然气等动力能源,本研究不考虑太阳能、风能等能量输入,输出包括副产品和生物液体燃料。

在图4-1中,能量输入包括太阳能(Solar Energy,SE)和从能源作物种植到生物液体燃料燃烧整个生命周期直接或间接消耗的化石能(Fossil Energy,FE)。其中,FE 包括生物液体燃料作物生产过程的能耗 FE_1(由种子、化肥、农药、电力和燃料等间接投入的化石能)、生物液体燃料生产转化过程消耗的能量 FE_3、运输原料及生物液体燃料所消耗的能量 FE_2 和 FE_4(主要取决于运输半径)。为了考虑生产过程中产生的副产品所占能量份额,本书采用能量替代法[162],即用生产与副产品功能相当的替代产品所需能量 FE_5 加以表示。能量输出包括生物液体燃料的燃烧热能(Biomass Energy,BE)和副产品的替代能量 FE_5。

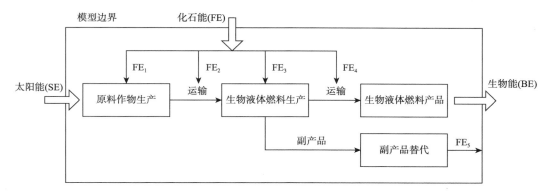

图 4-1 生物液体燃料生命周期系统的能量流动

4.1.2 模型建立

(1)单位面积能源作物净能量平衡模型

生物液体燃料的净能量分析基于热力学第一定律,研究其生命周期系统的化石能输入 FE 与生物能输出 BE 之间的关系,这一关系可以表示为净能量(Net Energy,NE)或能量比(Energy Ratio,ER)。净能量是生物液体燃料提供的能量减去生物液体燃料生命周期的化石能量输入之后的剩余能量与副产品替代能量之和;能量比是指生物液体燃料提供的能量与除去副产品替代能量之后的生物液体燃料生命周期的化石能量输入之比。

单位质量生物液体燃料的净能量分析数学模型如下:

净能量:

$$NE = BE - (FE_1 + FE_2 + FE_3 + FE_4 - FE_5) \qquad (4\text{-}1)$$

式中:BE、FE_1、FE_2、FE_3、FE_4、FE_5 分别由式(4-2)~式(4-7)计算。

$$BE = HHV \qquad (4\text{-}2)$$

式中:HHV 为能源作物生产的生物液体燃料的高热值,即生物液体燃料完全燃烧且燃烧产物中的水蒸气凝结为液态水时的反应热。

$$FE_1 = \frac{\sum_i (XEI_i \times X_i)}{Y \times x} \qquad (4\text{-}3)$$

式中:X_i 是生物液体燃料生产过程中消耗物质或能量的数量,XEI_i 是它们的能量强度,即生产单位产品(能量或物质)直接消耗的能量(如燃料、动力等),以及能源或物质在开采、生产、运输直到最终使用等各个阶段的间接能量消耗的总和;Y 是作物产量;x 是生物液体燃料转化率。

$$FE_2 = \frac{d_1 \times TE_1 \times H_2}{x} \tag{4-4}$$

式中：d_1 是原料供应的平均运输距离；TE_1 是运输燃料的消耗强度；H_2 是运输燃料的能量强度。

$$FE_3 = \sum_i E_i \times EEI_i \tag{4-5}$$

式中：E_i 是生物液体燃料转化过程中各种能量的消耗量；EEI_i 是各种能量形式的能量强度。

$$FE_4 = d_2 \times TE_2 \times H_2 \tag{4-6}$$

式中：d_2 是生物液体燃料输配过程的平均运输距离；TE_2 是运输燃料的消耗强度；H_2 是运输燃料的能量强度。

$$FE_5 = \sum_i (EW_i \times M_i) \tag{4-7}$$

式中：EW_i 是生物液体燃料转化过程中共生副产品的能量替代系数；M_i 是副产品产率。

能量比：

$$ER = \frac{BE}{FE_1 + FE_2 + FE_3 + FE_4 - FE_5} \tag{4-8}$$

上述模型是在对生物液体燃料整个生命周期中的能量流动进行分析和热力学第一定律的基础上建立的，可以定量评价其在不同生产条件下（作物农业生产水平、燃料生产技术和能源利用状况等）的能量可持续性，对整个生命周期中的影响因素进行分析。

（2）能源作物净能量生产潜力分析模型

通过对前述单位面积能源作物净能量平衡模型进行改进，得到以净能量最大化为目标的生物液体燃料生产潜力模型[162,163]如下：

$$\mathrm{Max}J = \sum_i \sum_k \big[\big((\eta \times LHV_k) - en_{growk} - (en_{tranport} \times d_1) - en_{producek}$$
$$- (en_{transport} \times m \times d) + en_{byproduct}\big) \times u_k \times x_{ik}\big] \tag{4-9}$$

其中：i 为土地类型（适宜、较适宜等）；k 为作物种类；$\mathrm{Max}J$ 为最大净能量产量；x_{ik} 为第 i 类土地上种植 k 种作物的土地面积（hm^2）；u_k 为第 k 种作物的单位面积产量（$\mathrm{t/hm}^2$）；η 为能源转换效率；LHV_k 为第 k 种作物的低热值（MJ/t）；$en_{transport}$ 为运输柴油（能量）消耗强度（MJ/(t・km)）；m 是生物液体燃料转化率；en_{growk} 为第 k 种生物液体燃料原料作物生产过程中的能量消耗（MJ/t）；$en_{producek}$ 为第 k 种原料作物转化为液体燃料过程中的能量消耗（MJ/t）；$en_{byproductk}$ 为第 k 种原料作物转化为液体燃料过程中产生的副产品所含能量（MJ/t）。

4.1.3　典型案例——麻疯树生物柴油生命周期净能量平衡分析

4.1.3.1　麻疯树种植阶段的能量投入

野生的麻疯树主要以种子传播繁衍后代，人工栽培 2～4 年生枝条扦插是经济快速的繁殖方法，规模化种植通常以穴状整地后扦插生枝条进行繁育。穴状整地也有利于保护当地原生植被和环境，避免水土流失。麻疯树抗逆性较强，病虫害相对较少。

通过查阅文献并进行实地调研，对麻疯树种植阶段能量投入情况进行汇总，如表 4-1 所示。表 4-1 列出了麻疯树种植阶段肥料、农药、机械、电力投入情况及麻疯树产量特性。虽然麻疯树具有抗逆性强、耐旱耐瘠薄、对土壤要求不高等特点，可以在边际性土地种植，但良好的土壤条件、水肥条件有利于产量的提高,特别是其对温度条件要求较高。经调查并结合已有文献,确定低产田中麻疯树果实平均单产为 2.7 t/hm²,高产田麻疯树果实平均单产为 5 t/hm²。结合表 4-2 中主要物质能耗参数,根据本章中公式(4-3),计算获得单位面积作物种植过程中的能量消耗情况(表 4-2)。

　　表 4-2 表明,与木薯种植类似,在麻疯树种植阶段,肥料投入所占能量消耗的比重最大(70.031%),其中氮(N)肥能耗最大,高达总能耗的 64.570%;除草剂消耗的能量也较高,占总能耗的 18.762%,主要是由于其生产能耗较高所致;电力消耗相对较少。另外,麻疯树果实采摘过程中消耗人力较多,所消耗的能量未计入。

表 4-1　麻疯树种植阶段主要参数特征[164]

单产 (t/hm²)	N 肥 (kg/hm²)	P 肥 (kg/hm²)	K 肥 (kg/hm²)	除草剂 (kg/hm²)	耗电 (kWh/hm²)	柴油 (L/hm²)
2.7/5	97	27	18	5	11	18

表 4-2　单位面积(1 hm²)麻疯树种植阶段能量投入

项目	N 肥	P 肥	K 肥	除草剂	柴油	耗电	合计
能耗(MJ)	4510.306	291.411	90	1310.565	705.254	77.576	6985.112
百分比(%)	64.570	4.172	1.288	18.762	10.097	1.111	100

4.1.3.2　麻疯树果实运输阶段的能量投入

　　原料运输是将麻疯树果实运输到生物柴油生产厂,运输过程采用柴油货车作为交通工具。通过实地调研、查阅相关文献并借鉴国外相关经验,确定麻疯树果实运输阶段的平均运输距离为 250 km[164]。根据柴油货车的能耗强度为 1.123 MJ/(t·km)[165],综合所获得的数据,根据式(4-4),计算得每吨麻疯树果实运输需耗能 280.759 MJ,按照适宜、较适宜土地种植麻疯树单产分别为 5 t、2.7 t 计算,每公顷分别消耗能量 1403.793 MJ、758.048 MJ(表 4-3)。

表 4-3　单位面积(1 hm²)麻疯树果实运输消耗能量

地块等级	单产(t/hm²)	消耗能量(MJ)
较适宜	2.7	758.048
适宜	5	1403.793

4.1.3.3　麻疯树原料油生产过程的能量投入

　　目前,原料植物油的生产方法主要有压榨法、浸出法两种。

　　压榨法根据榨油机的种类可以分成土榨、水压机、螺旋榨油机三种。目前使用较为广泛的是螺旋榨油机。

　　浸出法是一种广泛适用的油料提取工艺,具有出油率高、粕的质量好,生产条件良好、成本低等优点。其应用萃取的原理,选用能够溶解油脂的有机溶液,对油料作物进行浸泡和喷淋,从而萃取出油料中的油脂。其基本过程通过将油料料胚或欲榨饼浸于选定的有机溶剂中,使油脂溶解于溶剂内,形成混合油,然后分离混合油和固体残渣。对混合油按不同的沸点进行蒸发、气提,使溶剂气化变成蒸气与油分离,从而制得毛油。有机溶剂经过冷凝、冷却回收后继续循环使用。而湿粕中也含有一定的溶剂,经脱溶烘干处理后可以得到成品粕,而在脱溶烘干过程中挥发的溶剂蒸气经冷凝、冷却回收。油脂浸出的工艺中,油料经过预处理制成胚片,再由输送设备送入浸出器,用溶剂浸出得到浓混合油和湿粕。主要设备是浸出器,主要有平转式浸出器和环形浸出器。毛油中还存在非甘油三酸酯的成分,也就是杂质,还须通过油脂精炼将毛油中不需要的杂质除去。

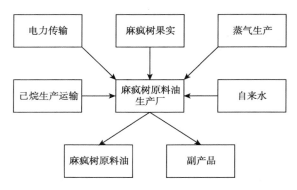

图 4-2　麻疯树原料油生产模型框架

　　本书以应用较为广泛的浸出法为例,分析麻疯树原料油生产过程中的能量投入。根据调研及文献,平均含油率取 35%,浸出率取 91%。每吨果实消耗电能 55 度,蒸气 280 kg,水12 m³。每吨果实需投入己烷 4 kg,由于己烷 99% 可以回收再利用,因此实际每吨仅消耗己烷0.04 kg。由于水可以重复利用,因此仅考虑水循环使用中的电能消耗,假设每 1 m³ 水消耗0.1 度电。其中,部分数据来源于文献[167,176]。按照适宜、较适宜土地种植麻疯树单产分别为 5 t、2.7 t 麻疯树果实计算,在原料油生产阶段每公顷分别消耗能量 7162.702 MJ、3867.859 MJ(表 4-4)。

表 4-4　单位面积(1 hm²)生物柴油原料油生产过程中的能量消耗

投入	数量	能耗参数(MJ/t)	适宜土地(MJ)	较适宜土地(MJ)
电	55(度/t)	7.052	1939.410	1047.281
己烷	0.04(kg/t)	4888.300	0.978	0.528
蒸汽	280(kg/t)	0.004	5180.000	2797.200
水	12(m³/t)	0.705	42.314	22.850
合计			7162.702	3867.859

4.1.3.4　麻疯树生物柴油生产过程的能量投入

　　目前,工业生产生物柴油主要应用的技术是酯交换法。原料油在催化剂的催化下与甲醇发生酯交换反应,制取生物柴油。生物柴油生产中的酯交换是指油脂中的脂肪酸与醇发生的酯基交换反应。目前可用于酯交换的醇包括甲醇、乙醇、丙醇、丁醇。甲醇由于其价格低廉、碳链短、极性强并能够很快地与脂肪酸甘油酯发生反应等优点,应用最为广泛,因此本研究中选取甲醇作为反应原料。

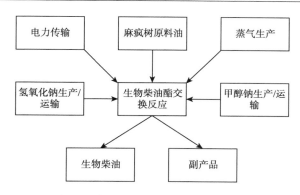

图 4-3　麻疯树生物柴油酯化模型框架

根据酯交换反应的不同,用于酯交换的催化剂主要分为酸性催化剂、碱性催化剂及生物酶等。酸性催化剂包括硫酸、磷酸等,反应速度较碱性催化剂要慢,适合脂肪酸含量较高的甘油酯。碱性催化剂包括强碱(NaOH、KOH 等)和碳酸盐等,反应时间较短,转化率较高,但能耗较大,甘油回收困难,剩余碱时有皂生成,堵塞管道,须进行后处理,工艺流程相对复杂。采用酶催化剂,从反应混合物中回收副产品甘油的过程简单,并且废油和油脂中的游离脂肪酸能完全转换成甲酯。本研究选取碱催化的酯化法进行生物柴油生产,以 NaOH 为催化剂。

在生物柴油转化过程中,需投入氢氧化钠、甲醇钠、甲醇、水、蒸气等物质,还需要耗用大量电能。按照适宜、较适宜土地种植麻疯树单产分别为 5 t、2.7 t 麻疯树果实计算,在生物柴油转化阶段每公顷分别消耗能量 10776.748 MJ、5819.444 MJ(表 4-5)。

表 4-5　单位面积(1 hm²)生物柴油转化过程中的能量消耗

投入	数量	能耗参数(MJ/t)	适宜土地(MJ)	较适宜土地(MJ)
电	36(度/t)	7.052	384.676	207.725
氢氧化钠	24(kg/t)	1.559	56.676	30.605
甲醇钠	24.06(kg/t)	32.159	1172.342	633.065
甲醇	110(kg/t)	32.426	5404.283	2918.313
蒸气	660(kg/t)	4	3700.000	1998.000
水	55(m³/t)	0.705	58.770	31.736
合计			10776.748	5819.444

4.1.3.5　麻疯树生物柴油运输过程的能量投入

生物柴油运输指将生物柴油从生产厂运输到加油站的过程,运输过程采用柴油油罐车作为交通工具。通过实地调研、查阅相关文献并借鉴国外相关经验,生物柴油运输阶段平均运输距离为 300 km。根据柴油消耗强度、柴油密度、综合能耗值等数据,利用式(4-6)计算,利用适宜、较适宜土地种植麻疯树生产生物柴油,每公顷分别消耗能量 510.470 MJ、275.654 MJ(表 4-6)。

表 4-6　单位面积(1 hm²)麻疯树生物柴油运输消耗能量

地块种类	单产(t/hm²)	运输距离(km)	运输能耗(MJ)
适宜土地	5	300	510.470
较适宜土地	2.7	300	275.654

4.1.3.6 麻疯树生物柴油配送过程的能量投入

生物柴油配送指将生物柴油与普通柴油按一定比例混合并通过加油机器加入到车辆中,这一过程中的主要能耗为电力消耗。此过程由于消耗能量较少,且过程较简单,因此未用公式表示其计算过程。通过查阅相关文献,确定单位能量消耗为 0.0007 kWh/L。据此计算利用适宜、较适宜土地种植麻疯树生产生物柴油,每公顷分别消耗能量 22.436 MJ、14.957 MJ。

4.1.3.7 麻疯树生物柴油能量投入综合分析

通过对麻疯树生物柴油生命周期各阶段能耗的分析,可以得到以麻疯树为原料生产生物柴油的能量投入(表 4-7、图 4-4、图 4-5)。由表 4-7 可知,虽然利用适宜与较适宜两种不同等级土地种植麻疯树对原料种植阶段能耗影响较大,但从整个生命周期来看,生物柴油生产及转化阶段能耗总量最大,折合 9.946 MJ/L,分别占总能耗的 66.808% 和 54.69%;其次为原料种植阶段,利用两种不同等级的土地发展生物柴油消耗的能量分别为 3.873 MJ/L 和 7.171 MJ/L,分别占总能耗的 26.013% 和 39.434%;原料运输和生物柴油运输阶段消耗的能量为 1.061 MJ/L,占总能耗的 5%～8%;配送阶段消耗能量最少,占总量的 0.1% 以下。综上所述,计算得出利用适宜与较适宜两种不同级别土地发展生物柴油生命周期能耗分别为 14.887 MJ/L 和 18.186 MJ/L。其中,与木薯燃料乙醇生命周期相似,生物柴油生产转化和原料种植阶段消耗能量最多,因此必须通过技术进步降低生产转化阶段的能耗、减少化肥用量并改良品种以提高麻疯树果实产量等手段降低生物柴油总能耗。

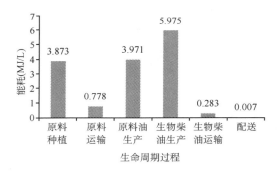

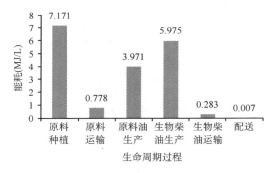

图 4-4 麻疯树生物柴油生命周期各阶段能耗(适宜土地)

图 4-5 麻疯树生物柴油生命周期各阶段能耗(较适宜土地)

在生物柴油生产过程中,除了会生产出燃料以外,还会伴随很多副产品,如沼气、甘油、生物质废物等,这部分副产品在生产过程中也是消耗能量的,而且其本身也具有一定的能量,所以要对生产过程中的能量消耗在主副产品间进行分配。通过查阅相关文献,确定麻疯树生物柴油副产品分配系数为 0.4[164]。

与木薯燃料乙醇相似,本书利用净能量(NEV)与能量比(ER)两个参数来分析生物柴油的能量转化效率。根据式(4-1)和式(4-8)及表 4-7 的结果,计算得出,当未考虑副产品分配时,利用适宜土地发展麻疯树生物柴油生命周期净能量为 18.713 MJ/L,能量比为 2.257;而利用较适宜土地发展麻疯树生物柴油的生命周期净能量为 15.414 MJ/L,能量比为 1.848,可见发展麻疯树生物柴油的净能量盈余较多,能源效率较高。当考虑副产品能量分配后,两种等级土地发展生物柴油的净能量和能量比均有较大幅度的提高。其中,利用适宜土地在副产品分配后净能量达到 24.668 MJ/L,能量比达到 3.762;而较适宜土地的净能量和能量比分别达到 22.689 MJ/L 和 3.079(表 4-8)。结果表明,经过副产品能量分配,生物柴油生命周期能源效率得到大幅提高,因此副产品是否被合理利用是决定现阶段生物柴油项目可行性的重要因素之一。

同时,通过对比可知,麻疯树果实产量对于生物柴油生产阶段能耗甚至生命周期能量效率都有较大影响,产量的提高可以较大幅度地降低原料种植阶段的能耗,从而降低生命周期总能耗,提高能量净收益和能量比。另外,生物柴油生产、转化阶段消耗能量比重最大,消耗化石能源最多,因此必须通过改进现有工艺,不断降低生产转化阶段的能耗,提高发展生物柴油产业的可行性。

表 4-7　单位面积(1 hm²)麻疯树生物柴油生命周期总能耗

过程	适宜土地			较适宜土地		
	能耗(MJ)	百分比(%)	净能量(MJ/L)	能耗(MJ)	百分比(%)	净能量(MJ/L)
原料种植	6985.112	26.013	3.873	6985.112	39.434	7.171
原料运输	1403.793	5.228	0.778	758.048	4.280	0.778
原料油生产	7162.702	26.675	3.971	3867.859	21.836	3.971
生物柴油生产	10776.748	40.134	5.975	5819.444	32.854	5.975
生物柴油运输	510.470	1.901	0.283	275.654	1.556	0.283
配送	13.257	0.049	0.007	7.159	0.040	0.007
合计	26852.082	100	14.887	17713.276	100	18.186

表 4-8　麻疯树生物柴油主副产品能量分配结果

替代方法	副产品能量(MJ/L)	分配前		分配后	
		净能量(MJ/L)	能量比	净能量(MJ/L)	能量比
适宜土地	5.955	18.713	2.257	24.668	3.762
较适宜土地	7.274	15.414	1.848	22.689	3.079

4.2　生物液体燃料生命周期净排放模型

4.2.1　模型分析

生物液体燃料的碳平衡分析就是研究生物液体燃料生命周期系统的温室气体排放情况,定量评价生物液体燃料作为汽油(柴油)替代燃料减少温室气体排放的潜力,指出影响温室气体排放的关键因素。生物液体燃料碳平衡分析的模型边界如图 4-6 所示。

在图 4-6 中,生物液体燃料生产过程的温室气体排放包括:种子、农药、化肥、灌溉及机械等活动间接或直接消耗化石能源而排放的 CO_2(C_1),以及氮肥因硝化或反硝化作用(氮肥效应)形成的 N_2O;生物液体燃料转化过程的碳排放包括:原料粉碎和加工、蒸馏和脱水等过程及副产品生产消耗的化石能引起的碳排放(C_3);C_2 和 C_4 分别是生物液体燃料原料和产品运输过程消耗的化石燃料引起的碳排放。生物液体燃料生产过程中还会产生很多副产品，这些副产品可以替代相应的具有相同功能的产品，从而节约了用于生产这些被替代产品的化石能，也就避免了这部分能量引起的碳排放，即 $C_{avoided}$[162]。

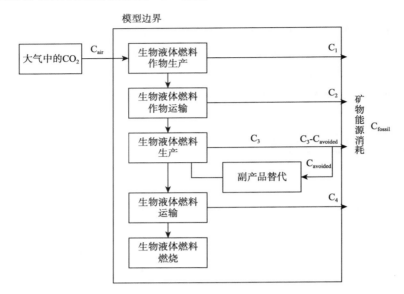

图 4-6　生物液体燃料生命周期系统的碳平衡

4.2.2　模型建立

（1）单位质量生物液体燃料净排放模型

根据上述分析，建立单位质量生物液体燃料净排放量（C_{net}）模型，碳平衡评价公式如下：

$$C_{net} = C_{fossil} + C_{N_2O} \tag{4-10}$$

式中：C_{fossil} 是生物液体燃料碳平衡系统消耗的化石能源引起的碳排放量；C_{N_2O} 是氮肥效应产生的 N_2O 的等效碳排放量。

$$C_{fossil} = C_1 + C_2 + (C_3 - C_{avoided}) + C_4 \tag{4-11}$$

式中：C_1 是能源作物生产过程的碳排放量；C_2 是作物运输过程的碳排放量；C_3 是生物液体燃料转化过程的碳排放量；$C_{avoided}$ 是副产品替代能量引起的碳排放量；C_4 是燃料运输过程的碳排放量。分别由式（4-12）～式（4-16）计算：

$$C_1 = \frac{\sum_i (X_i \times EF_i)}{Y \times x} \tag{4-12}$$

式中：X_i 是能源作物生产过程中消耗第 i 种物质（依次为种子、机械、氮肥、磷肥、钾肥、柴油、杀虫剂和除草剂）的数量；EF_i 是第 i 种物质的碳排放系数；Y 是能源作物产量；x 是生物液体燃料转化率。

$$C_2 = \frac{d_1 \times TE_1 \times TEF_1}{x} \tag{4-13}$$

式中：d_1 是原料运输平均距离；TE_1 是运输燃料消耗强度；TEF_1 是运输燃料的碳排放系数。

$$C_3 = \sum_i X_i \times EF_i \tag{4-14}$$

式中：X_i 是生物液体燃料转化过程消耗的第 i 种能源（煤、天然气和电力等）的量；EF_i 是第 i 种能源的碳排放系数。

$$C_{avoided} = \sum_i E_i \times EF_{coal} \tag{4-15}$$

式中：E_i 是第 i 种副产品的替代能量；EF_{coal} 是燃煤的碳排放系数。

$$C_4 = d_2 \times TE_2 \times TEF_2 \tag{4-16}$$

式中：d_2 是生物液体燃料运输平均距离；TE_2 是运输燃料消耗强度；TEF_2 是运输燃料的碳排放系数。

$$C_{N_2O} = \frac{\alpha \times X_N \times GWP}{Y \times x} \times \frac{12}{28} \tag{4-17}$$

式中：X_N 是原料生产过程中的氮肥施用量；α 是施用氮肥中因氮肥效应形成 N_2O 的比例，据估计大约 1.25% 的施氮量会生成 N_2O；GWP 是 N_2O 的全球增温潜力系数，其值为 310。

（2）能源作物净碳排放模型

根据上述模型进行改进，并将上述模型中的单位换算为按面积计算的碳排放数量，生成能源作物净碳排放模型[162,163]。

$$MaxC = \sum_i \sum_k \big[(C_{sequester} - C_{growk} - (C_{transport} \times en_{tranport} \times d_1) - en_{producek} \\ - (C_{transport} \times en_{transport} \times m \times d_2) + C_{byproductk}) \times u_k \times x_{ik} \big] \tag{4-18}$$

式中：i 为土地类型（适宜、较适宜等），k 为作物种类；$MaxC$ 为最大减排量；x_{ik} 为第 i 类土地上种植 k 种作物的土地面积（hm^2）；u_k 为第 k 种作物的单位面积产量（t/hm^2）；$C_{sequester}$ 为作物固碳能力（$t\ CO_2/(hm^2 \cdot a)$）；$en_{transport}$ 为运输柴油（能量）消耗强度（$MJ/(t \cdot km)$）；$C_{transport}$ 为运输柴油（能量）碳排放强度（$t\ CO_2/(t \cdot km)$）；C_{growk} 为第 k 种生物液体燃料原料作物生产过程中的碳排放强度（$t\ CO_2/t$）；$C_{producek}$ 为第 k 种原料作物转化为液体燃料过程中的能量消耗（$t\ CO_2/t$）；$C_{byproductk}$ 为第 k 种原料作物转化为液体燃料过程中产生的副产品所含能量（$t\ CO_2/t$）。

本研究通过对生物液体燃料生命周期各环节挥发性有机化合物（Volatile Organic Compounds，VOC）、可吸入颗粒物（粒径 $\leqslant$ 10 μm，PM_{10}）、氧化氮类（NO_x，N_2O）、硫氧化物（SO_x）、CO、CH_4 和 CO_2 的排放情况进行系统分析，评价生物液体燃料对环境的影响。表 4-9 列出了生物液体燃料生产过程中需要投入的各类物质、能量的单位排放量，本研究中的计算均以列表中参数为基准。

表 4-9　生物液体燃料生命周期主要排放参数（g/t）[142,165,166]

	VOC	CO	NO_x	PM_{10}	SO_x	CH_4	N_2O	CO_2
N 肥	84.7	1415.6	4912.3	2675.2	8739.4	1634.4	69.1	1519548.1
P 肥	99.7	26.9	566.4	207.0	644.7	121.9	1.0	432112.7
K 肥	583.0	316.0	3471.0	1208.0	3709.0	896.0	7.0	655492.0
除草剂	13861.0	12873.0	96503.0	33091.0	100003.0	31954.0	234.5	23496370.0
柴油（L）	1.0876	1.7713	2.747	0.2442	0.022	0.02	0.075	3199.46
电（度）	0.005	0.041	0.532	0.053	1.268	0.004	0.005	413.452
甲烷发电	0.016	0.1999	0.2375	0.0315	0.0028	0.0263	0.0121	544
煤	26.666	2669.344	5872.000	351.653	16672.426	31.110	21.110	2695731.51

4.2.3　典型案例——木薯乙醇生命周期环境影响分析

木薯燃料乙醇生命周期是指从木薯种植到燃料乙醇在发动机气缸内燃烧为止的过程,其过程见图 4-1。同时,研究中采用的汽油、柴油与乙醇密度分别为汽油密度 0.725 kg/L、柴油密度 0.84 kg/L 与乙醇密度 0.7893 kg/L。

4.2.3.1　木薯种植阶段的环境排放

木薯种植阶段的环境排放主要由化肥、农药及能源投入引起,木薯种植阶段的肥料、农药、机械、电力投入情况及木薯生产特性见表 4-10。根据不同物质的排放参数(表 4-9),计算得出在木薯种植阶段单位面积所产生的各类排放如表 4-10 所示。VOC、CO、NO_X、N_2O 等主要为木薯生长阶段的排放,而 PM_{10}、SO_X、CH_4、CO_2 等则主要由于化肥农药等化学品投入引起。据王修兰对全球农作物对大气 CO_2 及其倍增的吸收量估算,得到木薯生长过程中 CO_2 吸收量[166]。

表 4-10　单位面积木薯种植阶段排放(单位:g/hm^2)

投入	VOC	CO	NO_X	PM_{10}	SO_X	CH_4	N_2O	CO_2
N 肥	15.839	264.717	918.600	500.262	1634.268	305.633	12.922	284155.495
P 肥	7.478	2.018	42.480	15.525	48.353	9.143	0.075	32408.453
K 肥	206.965	112.180	1232.205	428.840	1316.695	318.080	2.485	232699.660
除草剂	69.305	64.365	482.515	165.455	500.015	159.770	1.173	117481.850
柴油	47.854	77.937	120.868	10.745	0.968	0.880	3.300	140776.240
电力	0.450	3.690	47.880	4.770	114.120	0.360	0.450	37210.680
木薯生长 (适宜土地)								−1950000.000
木薯生长 (较适宜土地)								−1299999.675
合计 (适宜土地)	261.800	366.901	1957.406	721.002	2333.865	691.112	13.434	−1313188.170
合计 (较适宜土地)	261.800	366.901	1957.406	721.002	2333.865	691.112	13.434	−663187.845

4.2.3.2　木薯干片运输阶段的环境排放

原料运输是将木薯干片运输到乙醇生产厂,本研究中运输过程采用柴油货车作为交通工具。根据木薯干片运输阶段的平均运输距离(200 km)、柴油货车的柴油消耗强度(0.06 L/(t·km))及木薯单产,计算得出利用适宜、较适宜土地种植的木薯,每公顷木薯干片运输阶段的排放如表 4-11 所示。

表 4-11　单位面积木薯运输阶段排放(单位:g/hm^2)

地块等级	VOC	CO	NO_X	PM_{10}	SO_X	CH_4	N_2O	CO_2
适宜土地	103.645	166.175	336.256	38.104	71.854	320.276	6.184	283372.400
较适宜土地	69.095	110.780	224.165	25.402	47.902	213.512	4.123	188910.210

4.2.3.3　燃料乙醇生产过程的环境排放

燃料乙醇生产包括预处理(粉碎、混合)、液化、糖化、发酵、蒸馏、脱水、变性、后处理等步骤。这一过程中的排放主要来源于发酵、甲醇发电、电能消耗和煤炭燃烧。因此,根据燃料乙醇生产转化过程的能耗计算结果及表 4-9 中各物质主要排放参数,计算得到利用适宜、较适宜土地种植木薯,每公顷环境排放量,如表 4-12 所示。

表 4-12 表明,燃料乙醇生产过程中,环境排放以煤炭燃烧排放为主,特别是针对 CO、NO_x、SO_x、CO_2 等参数,煤炭排放可以达到总量的 90%;其次为沼气发电,也产生了部分气体排放。

表 4-12　燃料乙醇生产过程中的环境排放(单位:g/hm^2)

适宜土地	发酵	沼气发电	电力	煤	总计
VOC		8.399	0.029	32.819	41.248
CO		104.940	0.240	3285.316	3390.496
NO_x		124.678	3.114	7227.011	7354.804
PM_{10}		16.536	0.310	432.800	449.647
SO_x		1.470	7.423	20519.721	20528.614
CH_4		13.806	0.023	38.289	52.119
N_2O		6.352	0.029	25.982	32.363
CO_2	513275.314	285578.240	2420.348	3317793.102	4119067.003
VOC		5.599	0.020	21.882	27.501
CO		69.958	0.160	2190.460	2260.578
NO_x		83.117	2.076	4818.557	4903.750
PM_{10}		11.024	0.207	288.566	299.797
SO_x		0.980	4.949	13681.374	13687.302
CH_4		9.204	0.016	25.529	34.748
N_2O		4.235	0.020	17.323	21.577
CO_2	342175.193	190380.960	1613.703	2212114.188	2746284.045

4.2.3.4　燃料乙醇运输过程的环境排放

燃料乙醇运输指将木薯燃料乙醇运输到加油站的过程,运输过程采用柴油油罐车作为交通工具。根据燃料乙醇平均运输距离(300 km)、柴油消耗强度、柴油密度、综合能耗值等数据,计算得出利用适宜、较适宜土地种植木薯生产燃料乙醇每公顷的排放量如表 4-13 所示。

表 4-13　燃料乙醇运输阶段排放量(单位:g/hm^2)

地块等级	VOC	CO	NO_x	PM_{10}	SO_x	CH_4	N_2O	CO_2
适宜土地	59.795	95.870	193.994	21.983	41.454	184.775	3.568	163484.077
较适宜土地	39.862	63.912	129.326	14.655	27.636	123.180	2.378	108986.660

4.2.3.5　燃料乙醇配送过程的环境排放

燃料乙醇配送指将燃料乙醇与汽油按一定比例混合并通过加油机器加入到车辆中,主要为电力消耗。此过程消耗能量相对较少，对应的环境排放量也较少。根据单位配送阶段能耗量及表 4-9 中的主要物质排放参数，计算得到，利用适宜、较适宜土地种植木薯生产燃料乙醇，每公顷所产生的乙醇在配送过程中的排放量如表 4-14 所示。

表 4-14　燃料乙醇配送阶段排放量（单位：g/hm²）

地块等级	VOC	CO	NO$_X$	PM$_{10}$	SO$_X$	CH$_4$	N$_2$O	CO$_2$
适宜土地	0.112	0.920	11.936	1.189	28.449	0.090	0.112	9276.168
较适宜土地	0.075	0.613	7.957	0.793	18.966	0.060	0.075	6184.126

4.2.3.6　燃料乙醇燃烧过程的环境排放

燃烧阶段指乙醇进入汽车发动机后燃烧释放热量的过程。该过程环境排放数据利用交通生命周期分析模型（GREET）获得，根据单位面积乙醇生产量，计算得出利用单位面积不同等级土地生产乙醇在燃烧阶段的排放量，如表 4-15 所示。

表 4-15　燃料乙醇燃烧阶段排放量（单位：g/hm²）

地块等级	VOC	CO	NO$_X$	PM$_{10}$	SO$_X$	CH$_4$	N$_2$O	CO$_2$
适宜土地	821.406	12925.066	486.631	353.757	0.000	50.389	41.415	4287474.535
较适宜土地	547.591	8616.504	324.413	235.832	0.000	33.592	27.610	2858247.800

4.2.3.7　燃料乙醇生命周期环境排放综合分析

通过对木薯燃料乙醇生命周期各阶段排放进行累加，可以得到以木薯为原料生产燃料乙醇未经副产品分配的总排放（表 4-16）。通过对各阶段结果进行分析，得出如下结论。

（1）对于 VOC 排放，利用适宜种植、较适宜种植土地生产木薯，燃料乙醇生命周期 VOC 排放均以燃烧阶段和种植阶段为主，两者之和占总排放的 80% 以上，其次为运输阶段（图 4-7）。对于 CO 排放，利用适宜种植、较适宜种植土地生产木薯，燃料乙醇生命周期 CO 排放均以燃烧阶段为主，约占总量的 75%，其次为转化阶段，其他各阶段排放较少（图 4-8）。木薯乙醇生命周期各阶段 PM$_{10}$ 的排放主要由种植阶段、转化阶段和燃烧阶段组成，约占总排放的 90%，其次为转化阶段和燃烧阶段（图 4-9）。

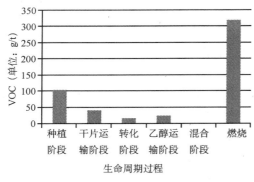

图 4-7　木薯乙醇生命周期各阶段 VOC 排放（适宜种植土地）

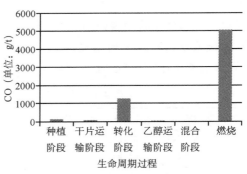

图 4-8　木薯乙醇生命周期各阶段 CO 排放（适宜种植土地）

表 4-16　木薯燃料乙醇生命周期总排放

适宜土地		VOC	CO	NO_X	PM_{10}	SO_X	CH_4	N_2O	CO_2
总排放	g/hm²	1288.006	16945.428	10341.027	1585.682	23004.236	1298.761	97.076	7542620.956
	g/km	0.046	0.610	0.372	0.057	0.829	0.047	0.003	271.653
较适宜土地		VOC	CO	NO_X	PM_{10}	SO_X	CH_4	N_2O	CO_2
总排放	g/hm²	945.924	11419.288	7547.017	1297.481	16115.671	1096.204	69.197	5245424.996
	g/km	0.051	0.617	0.408	0.070	0.871	0.059	0.004	283.384

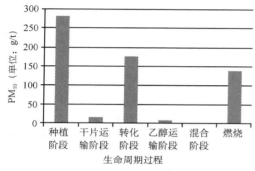

图 4-9　木薯乙醇生命周期各阶段
PM_{10} 排放(适宜种植土地,单位:g/t)

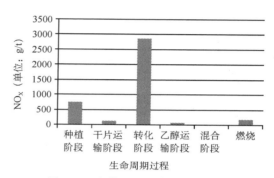

图 4-10　木薯乙醇生命周期各阶段 NO_X
排放(适宜种植土地,单位:g/t)

(2)木薯乙醇生命周期各阶段 NO_X 排放以转化阶段和种植阶段为主,两者共占总量的 90%以上,其余各阶段排放较少(图 4-10)。木薯乙醇生命周期各阶段 SO_X 排放以转化阶段为主,占总量的 80%,这主要由于在乙醇转化阶段采用了大量的煤作为燃料;其次为种植阶段排放,约占总量的 15%,主要由化肥、农药投入引起(图 4-11)。

(3)CH_4 主要由种植和运输阶段排放引起,两者共占总排放的 90%以上,其余各阶段所占比例较少(图 4-12)。对于 N_2O 排放,燃烧和转化阶段所占比重最大,其次为种植阶段和运输阶段(图 4-13)。木薯乙醇生命周期各阶段 CO_2 排放以转化阶段和燃烧阶段为主,两者之和占总量的 95%以上(图 4-14)。

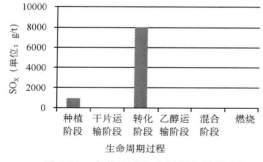

图 4-11　木薯乙醇生命周期各阶段 SO_X
排放(适宜种植土地)

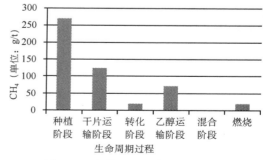

图 4-12　木薯乙醇生命周期各阶段 CH_4
排放(适宜种植土地)

(4)通过将木薯燃料乙醇生命周期总排放与汽油生命周期总排放对比发现,在未考虑副产品分配的情况下,利用适宜土地种植木薯,燃料乙醇生命周期各项排放中 VOC、CO、CH_4、N_2O 和

CO_2较汽油排放低,温室气体总排放也较汽油低;利用较适宜土地种植木薯,燃料乙醇生命周期各项排放中仅 VOC、CO、CH_4 和 N_2O 较汽油排放低,CO_2 等其他各项排放均较汽油排放高。根据式(4-19)[166] 计算温室气体总排放量,结果表明,木薯燃料乙醇生命周期温室气体总量较汽油排放略低(表 4-17)。由此可见,提高木薯单产可以有效降低单位质量的环境排放,更好地实现减排效应。

$$GHGs = 25CH_4 + 298N_2O + CO_2 \qquad (4-19)$$

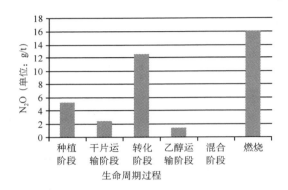

图 4-13　木薯乙醇生命周期各阶段 N_2O 排放(适宜种植土地)

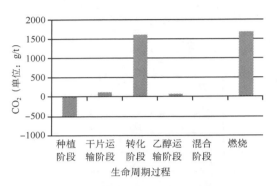

图 4-14　木薯乙醇生命周期各阶段 CO_2 排放(适宜种植土地)

表 4-17　木薯燃料乙醇生命周期总排放与汽油对比(单位:g/km)

		VOC	CO	NO_X	PM_{10}	SO_X	CH_4	N_2O	CO_2	GHGs
汽油		0.196	2.366	0.232	0.041	0.080	0.342	0.011	282.392	294.185
副产品分配前	适宜土地	0.046	0.610	0.372	0.057	0.829	0.047	0.003	271.653	274.112
	较适宜土地	0.051	0.617	0.408	0.070	0.871	0.059	0.004	283.384	285.962
副产品分配后	适宜土地	0.038	0.500	0.305	0.047	0.679	0.038	0.003	222.795	224.607
	较适宜土地	0.042	0.505	0.334	0.057	0.713	0.049	0.003	232.191	285.962

与净能量分析类似,在排放分析研究中也考虑了副产品的分配作用。利用适宜土地、较适宜土地发展木薯燃料乙醇过程中环境排放的副产品分担量如表 4-17 所示。表 4-17 表明,副产品分配对于降低木薯燃料乙醇生命周期总排放具有重要作用。两种适宜性等级土地发展木薯乙醇生命周期排放均大幅降低,较之分配前,两种等级土地 CO_2 排放总量均较汽油排放大幅降低,温室气体总排放也都较汽油低,可以更好地实现减排的目的。然而,对于 NO_X、PM_{10}、SO_X 几种气体排放,无论是否考虑副产品分配,这几种气体排放均高于汽油排放,这主要是由于在生物乙醇转化过程中消耗了较多的煤。另外,本研究未对木薯燃料乙醇生命周期废水、固体废物排放进行研究。

4.3　空间信息支持下的生物液体燃料生命周期分析——以黄连木为例

化石能源短缺和环境污染问题日益严重,出于发展经济、保护生态环境、保证能源安全的考虑,世界各国都在积极寻求石油替代能源。生物柴油是燃烧性能良好、环境友好和可再生的液体燃料,已成为备受关注的可再生能源[167]。黄连木是重要的能源植物之一,它耐干旱、盐碱,适合在各类土壤生长,种子和果实含油量高,且黄连木油脂生产的生物柴油碳链长度与普通柴油主要成分的碳链长度极为接近,因此黄连木油脂非常适合用来生产生物柴油。对中国黄连木资源潜力进行准确评估,是规模化开发利用的基础性工作。

要成为化石燃料的替代品,生物燃料必须能提供净能量,带来环境和经济效益,且大量生产时不减少粮食供应[168]。生命周期分析(Life Cycle Analysis,LCA)是一种用于评价产品或系统在其整个生命周期中,即从原材料获取、产品生产、产品使用及使用后处理整个过程中,对能量消耗进行分析的技术和方法[169]。近年来,LCA 作为一种全面完整的综合分析方法,已被广泛应用于国内外生物能源影响评价研究中。邢爱华等以菜籽油、麻疯树油和地沟油为原料制取生物柴油过程为研究内容,应用生命周期评价方法[167],对生物柴油子过程的土地资源占用、水资源和能源消耗进行了计算;胡志远等[4]对以大豆、油菜籽、光皮树油和麻疯树油为原料生产生物柴油的生命周期能耗和污染物排放进行分析;张爱霞对以小麦、玉米和甘薯为原料的生物乙醇 LCA 的成本、能耗和环境影响进行了分析。Dai 等[170]利用 LCA 评价了广西地区木薯燃料乙醇的能源效率。Leng等[165]对中国地区木薯燃料乙醇进行了生命周期能源效率分析。Thu 等[171]利用 LCA 对泰国木薯燃料乙醇的能量平衡和温室气体排放进行评估。Fernando 等[172]比较生物燃料与化石燃料在整个生命周期中的能量消耗,发现用生物燃料替代部分化石燃料使用时,消耗更少的初级能源,而且减少了 CO_2 的排放。Luis 等[173]利用 LCA 分析了藻类生产生物液体燃料和沼气的净能量收益。

然而,目前针对黄连木生命周期能量消耗和环境排放的相关研究还未见报道。另外,目前的研究仅针对单位质量或单位面积生物液体燃料生命周期的能耗及环境影响进行研究,本书基于前人研究成果,对黄连木生物柴油生命周期分析结果进行全国黄连木生物柴油净能量生产潜力和温室气体减排潜力的估算,实现全国范围内黄连木生物质能源开发利用的能源效益的定量评价。

4.3.1　数据与预处理

如表 4-18 所示,本研究的数据源主要包括黄连木生命周期各阶段的参数、中国适宜种植黄连木的土地资源及分布等。其中生命周期各阶段的参数来源:大部分黄连木种植、果实收获等相关数据查阅文献资料、年鉴得到;化学品生产相关数据根据美国能源部阿冈国家实验室发表的 GREET 模型代入中国化边界条件计算得到部分参数依据《GB/T 2589—2008 综合能耗计算通则》;目前国内外还没有利用黄连木生产生物柴油的生产厂,刘光斌等[174]和李宜海等[175]做过黄连木制备生物柴油的试验研究,本书中生物柴油生产工艺及生产过程数据参考麻疯树生产数据和试验研究数据;运输和配送数据通过查阅交通年鉴、物流年鉴而获得。

本书先前基于土地利用数据、遥感数据、气象数据、土壤数据及黄连木的生态习性,采用多因子综合评价方法结合政策因素限制,建立了基于空间栅格数据的黄连木种植适宜性综合评价模型,对我国黄连木规模化种植潜力与空间分布分析进行了评价,将黄连木种植土地分为适宜种植、较适宜种植和不适宜种植三类。其中,适宜种植黄连木的土地面积为 710.32 万 hm^2,较适宜种植黄连木的土地面积为 1279.44 万 hm^2。

表 4-18　黄连木生物柴油全生命周期的数据来源

生命周期阶段	项目	来源
原料种植	肥料	文献、年鉴、GREET
	农药	文献
	电力及油耗	文献、GREET、《GB/T 2589—2008 综合能耗计算通则》
	产量	文献、报告、年鉴
	未考虑因素:灌溉水、劳动人力	

续表

生命周期阶段	项目	来源
运输阶段	油耗	文献、交通年鉴、GREET
	运输距离	物流年鉴、文献
	未考虑:汽车损耗、运输人力	
燃料生产阶段	煤、蒸汽、电	文献、调研、《GB/T 2589—2008 综合能耗计算通则》
	化学试剂	年鉴、文献
	副产物产出	文献、调研
	未考虑:厂房建设、生产用水、生产人力	
配送阶段	电力	《GB/T 2589—2008 综合能耗计算通则》

4.3.2　生命周期能量过程分析

本书采用生命周期分析法(LCA),利用能量守恒原理和物质不灭定律,对产品生产和使用过程中的物质、能量的使用和消耗进行平衡计算[176]。黄连木生物柴油生命周期分为作物种植过程、原料运输过程、原料油生产、生物液体燃料生产过程、生物柴油运输与配送、生物柴油燃烧 6 部分,如图 4-15 所示。黄连木种植指土壤准备、耕种、杀虫、收获果实等过程,此阶段能耗为 E1,主要由种子、化肥、农药、电力和燃料等间接载入的化石能。原料运输是把黄连木果实运输到原油生产厂,此阶段能耗为 E2,假定运输全部使用柴油货车,能耗主要为化石能。原料油生产主要是用浸出法提取黄连木果实原油,此阶段能耗为 E3,主要是投入物质所消耗能量及电能与水的能耗等。生物液体燃料生产过程是以黄连木油脂与甲醇经酯交换反应制得的生物柴油[174,175],此阶段能耗为 E4,主要是投入物质所消耗能量及电能与水的能耗等,可得到黄连木生物柴油和副产品。生物柴油运输与配送主要是将生物柴油配送到加油站的过程,此过程主要消耗柴油和电等,能耗为 E5。生物柴油最后燃烧所提供的能量用柴油的低热值来表示。为了考虑 E4 中生产副产品所占份额,本研究采用能量替代法[174],即在图 4-15 中用生产与副产品功能相当的替代产品所需能量 E6 加以表示。

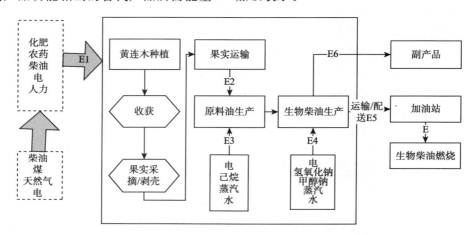

图 4-15　黄连木生物柴油生命周期能量框架

4.3.3　生命周期能量模型分析

黄连木生命周期能量模型采用第 4.1.2 节中的模型和方法。该方法是在对黄连木生物柴油生命周期中的能量流动进行分析的基础上建立的,可以定量评价其在不同生产条件下(黄连木产量、生物柴油生产技术、能源利用效率等)的能量可持续性,对整个生命周期中的影响因素进行分析。

4.3.4　结果与分析

4.3.4.1　黄连木生物柴油生命周期净能量

经调查并结合已有文献,确定低产田中黄连木果实平均单产为 2.3 t/hm²,高产田黄连木果实平均单产为 4 t/hm²[157]。根据我国生物柴油的生产状况,黄连木果实和生物柴油的运输方式采用柴油货车运输,结合文献与调研,果实和生物柴油的平均运输距离分别为 250 km 和 300 km,柴油货车的柴油消耗强度为 0.05 L/(t・km)[162]。根据所得参数及上述公式,计算出单位面积黄连木生物柴油生命周期总能耗结果如表 4-19 和图 4-16 所示。

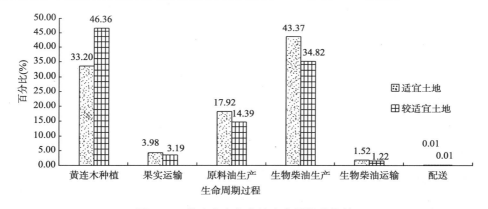

图 4-16　黄连木生物柴油生命周期总能耗

表 4-19　黄连木生物柴油生命周期总能耗表

过程	适宜土地能耗		较适宜土地能耗	
	(MJ/hm²)	(MJ/L)	(MJ/hm²)	(MJ/L)
黄连木种植	9337.69	6.16	9337.69	10.71
果实运输	1119	0.74	643.43	0.74
原料油生产	5041.19	3.32	2898.69	3.32
生物柴油生产	12197.53	8.04	7013.59	8.04
生物柴油运输	427.68	0.28	245.92	0.28
配送	3.82	0.003	2.20	0.003
合计	28126.91	18.54	20141.52	23.09

如图 4-16 所示,从整个生命周期来看生物柴油生产及转化阶段能耗总量最大,分别占两种土地等级总能耗的 61.29%(包括原料油生产的 17.92% 和生物柴油转化的 43.37%)和 49.21%(包括原料油生产的 14.39% 和生物柴油转化的 34.82%)。在原料油生产和生物柴油

转化过程中,投入的化学品物质能耗较大,投入数量较多,所以黄连木油生产时消耗的能量最多。其次为原料种植阶段,消耗能量分别占总能耗的 33.20％和 46.36％,种植阶段要投入大量化肥农药来保证黄连木的生长,所以能耗也较高。果实运输和生物柴油运输过程的能量消耗相对较少,分别占总能耗的 3.98％、3.19％和 1.52％、1.22％,配送过程消耗最少。

如图 4-17 所示,在种植阶段,肥料投入所占能量消耗的比重最大(71.81％,包括氮磷钾肥和尿素),其中尿素能耗最大,这主要是由于尿素生产环节能耗较高;农药消耗的能量也较高,占总能耗的 20.87％,主要用于黄连木除虫;柴油消耗主要用于种植、短途运输(从地块至农户家)及后处理过程中农业机械消耗;电力消耗相对较少,主要在黄连木种植后续的采果、干燥、剥壳、包装等过程消耗。尽管增加化肥农药的投入可提高黄连木果实单产,但两者并不呈简单线性关系,因为投入量加大会增加化石能的消耗,即存在化肥农药施用量最优化问题。为避免化肥农药施用量过高引起能耗过高,要加强生态系统管理和施用绿肥来减少种植能耗,提高产量也可以大幅降低能量消耗。由于生产投入物质能耗高,投入量大,所以需要优化榨油和生产的工艺条件,提高出油率和转化率,降低能耗;运输过程主要为柴油车的柴油消耗,配送过程主要为电力消耗,消耗能量较少。

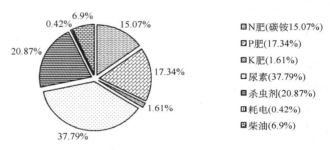

图 4-17　黄连木种植阶段能耗百分比

在黄连木生物柴油生产过程中,会伴随很多副产品,如油渣、沼气、甘油、生物质废物等。而目前针对黄连木生物柴油副产品综合利用的文献较少,因此本文参考麻疯树[164]生物柴油副产品分配系数确定黄连木生物柴油副产品分配系数为 0.24。经副产品分配后黄连木生物柴油净能量结果如表 4-20 所示。

表 4-20　黄连木生物柴油主副产品能量分配结果

替代方法	副产品能量（MJ/L）	分配前		分配后	
		净能量（MJ/L）	能量比	净能量（MJ/L）	能量比
适宜土地	4.45	15.06	1.81	19.51	2.38
较适宜土地	5.54	10.50	1.46	16.05	1.91

计算得出当未考虑副产品分配时,利用适宜土地发展黄连木生物柴油生命周期净能量为15.06 MJ/L,能量比为 1.81;而利用较适宜土地发展黄连木生物柴油的生命周期净能量为10.50 MJ/L,能量比为 1.46。结果表明,利用适宜的土地发展黄连木生物柴油的净能量盈余较多,能源效率较高;而利用较适宜土地的生物柴油能量效益则相对较低,所以要尽量开发适宜种植黄连木的宜能土地,提高能源利用率。而当考虑副产品能量分配后,两种等级土地发展生物柴油的净能量和能量比均有较大幅度的提高。其中,利用适宜土地在副产品分配后净能

量达到 19.51 MJ/L,能量比达到 2.38;而较适宜土地的净能量和能量比分别达到 16.05 MJ/L 和 1.91。结果表明,有效利用生产过程中的副产品,能够大幅度提高生物柴油生命周期能源效率。

4.3.4.2　我国基于黄连木的生物柴油开发潜力分析

根据本书先前对中国宜能边际土地黄连木种植研究[141]的分析,中国现有可开垦适宜种植黄连木的土地面积为 710.32 万 hm²,较适宜种植黄连木的土地面积为 1279.44 万 hm²,估算得出,中国每年适宜黄连木种植的土地可生产净能量 1.622×10⁷ 万 MJ,较适宜黄连木种植的土地可生产净能量 1.172×10⁷ 万 MJ(表 4-21)。取生物柴油低热值来计算,可算出共可替代柴油 440.20 万 t。根据吴伟光[2]设定的生物液体燃料发展的高、中、低 3 种方案,即分别利用 100%、70% 和 30% 宜能边际土地资源种植能源作物,则中国每年生产的生物液体燃料的净能量等价于 440.20 万 t、308.14 万 t、132.06 万 t 柴油。一直以来,我国能源消费结构是以煤炭占主导地位,石油消耗占总能源消耗结构的 20% 左右。根据国家《可再生能源中长期发展规划》,到 2020 年,我国要年产 1200 万 t 生物液体燃料。假设有 30% 的宜能边际土地可以被利用,那么仅黄连木一种能源作物便可提供 11% 的生物柴油。

表 4-21　中国黄连木生物柴油净能量总生产潜力

	可开垦面积(万 hm²)	单位能量(MJ/L)	净能量(万 MJ)	替代柴油(万 t)
适宜	710.32	15.06	16219032.53	255.54
较适宜	1279.44	10.50	11720135.26	184.66
合计			27939167.79	440.20

如图 4-18 所示,净能量和生物液体燃料产出前三的省份依次是云南省、陕西省和贵州省,分别占总净能量的 16.53%、15.60% 和 10.59%。各省黄连木生物柴油净能量生产潜力是由各省适宜或较适宜种植黄连木的土地面积决定的。云南省和贵州省地处我国西南,宜能边际土地可利用资源相对集中,且自然条件适合黄连木生长,适宜大规模发展黄连木种植;陕西省地处黄河中上游,水热光条件优越,适宜黄连木生长。净能量和生物液体燃料产出最少的三个省份依次为北京、西藏和江苏,分别占全国总净能量潜力的 0.39%、0.41% 和 0.75%。北京市和江苏省经济发达,用来发展农用地和建设用地的土地较多,所以适宜生长的黄连木土地较少;西藏自治区地处高原,降雨量很不充沛且土壤贫瘠,只在西藏南部地区有少量适宜种植黄连木的地区。

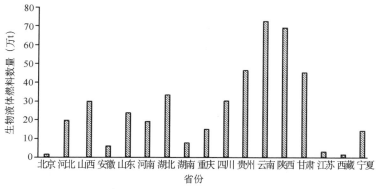

图 4-18　我国各省(区、市)黄连木生物柴油净能量生产潜力

4.3.5　小结

本节基于生命周期分析原理,建立了黄连木生物柴油的净能量分析方法,定量评价黄连木种植过程、原料运输过程、原料油生产、生物液体燃料生产过程、生物柴油运输与配送、生物柴油燃烧 6 部分的能耗。在整个生命周期过程中,生物柴油生产及转化阶段能耗总量最大,其次是黄连木种植阶段,果实运输和生物柴油运输过程的能量消耗相对较少,最少消耗为配送过程。根据黄连木生物柴油副产品分配系数 0.24,计算经副产品能量分配后,适宜土地净能量达到 19.51 MJ/L,较适宜土地的净能量达到 16.05 MJ/L,能量比分别达到 2.38 和 1.91,生物柴油生命周期能源效率大幅提高。应通过提高单产量、加强生态系统管理和施用绿肥来减少种植能耗,对于生产过程,则要优化榨油和生产的工艺条件,提高出油率和转化率,降低能耗。

我国每年适宜黄连木种植的土地可生产净能量 1.622×10^7 万 MJ,较适宜黄连木种植的土地可生产净能量 1.172×10^7 万 MJ,共可替代柴油 440.20 万 t。在各省份黄连木生物柴油净能量生产潜力中,净能量和生物柴油产出前三的省份依次是云南省、陕西省和贵州省,分别占总净能量的 16.53%、15.60% 和 10.59%;净能量和生物柴油产出最少的三个省份依次为北京、西藏和江苏,分别占全国总净能量潜力的 0.39%、0.41% 和 0.75%。开垦宜能边际土地种植黄连木发展生物能源既能减轻荒山荒地的水土流失,能源植物的"不与人争粮,不与粮争地"又能适度缓解粮食危机,是我国应对化石能源枯竭和发展替代能源的有效途径。

第 5 章　能源植物发展潜力分析及应用案例

5.1　西南五省(区、市)能源植物发展潜力分析

本章在第三章宜能边际土地资源潜力及第四章基于生命周期分析法研究生物液体燃料能量平衡和环境排放的基础上,首先进行西南五省(区、市)产能—环境可持续的生物液体燃料作物发展模式研究,并构建生物液体燃料净能量生产潜力模型和环境影响模型,从而对西南五省(区、市)生物液体燃料规模化发展的净能量生产潜力和环境效益进行分析,为未来能源作物规模化种植提供基础。

5.1.1　西南五省(区、市)产能—环境可持续的生物液体燃料作物发展模式

为了最优利用西南五省(区、市)现有宜能边际土地资源,在兼顾国家相关政策和规划的同时实现能源效率和环境效益最优,本书进行西南五省(区、市)产能—环境可持续的生物液体燃料作物发展模式研究,以指导该区生物液体燃料产业发展。研究遵循的原则如下。

(1)充分考虑国家相关政策。例如,根据国家发改委《可再生能源中长期发展规划》和广西农业厅相关规划,广西将重点发展木薯产业,因此,对于广西境内的除疏林地外的(等级为适宜的)宜能边际土地资源,如果既适宜于木薯又适宜于其他作物种植,则优先发展木薯;对于广西较适宜发展木薯的土地资源,如果对于麻疯树或黄连木其适宜性等级为适宜,则优先发展麻疯树或黄连木作物。

(2)由于木薯为灌木状多年生作物,其生态效益低于麻疯树、黄连木等乔木作物,因此,对于有两种以上作物都适宜种植的区域,优先选择发展乔木作物。

(3)对于麻疯树和黄连木两种乔木作物,根据相应等级土地发展能源作物生命周期净能量和减排潜力进行优选,优先选择单位面积土地净能量生产潜力大、环境效益明显的作物发展。

具体的分析方法如图 5-1 所示。按照上述方法,通过空间分析,得到西南五省(区、市)产能—环境可持续的生物液体燃料作物发展模式。如图 5-2(见书后彩插)所示,由于木薯生长对温度要求较高,因此木薯适宜区主要分布在广西南部地区,较适宜区则主要分布在广西中部—北部;考虑到麻疯树生命周期环境效益较高,因此对于广西较适宜发展木薯的区域,如果麻疯树的适宜等级较高,则规划为麻疯树种植区,因此,麻疯树适宜区主要分布在广西中部地区及云南南部地区,较适宜区则主要分布在云南西南部、东南部,在重庆、四川、贵州也有部分较适宜种植的区域;相比木薯和麻疯树,黄连木适宜范围较广,适宜区主要分布在贵州中东部地区和云南东北部地区,在四川北部也有部分适宜区域,黄连木的较适宜种植区则遍布四川、贵州、重庆、云南和广西五省(区、市)。

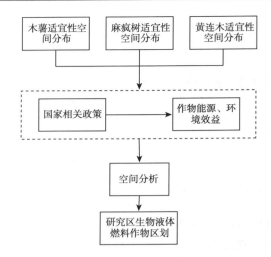

图 5-1　我国西南五省(区、市)生物液体燃料作物区划流程

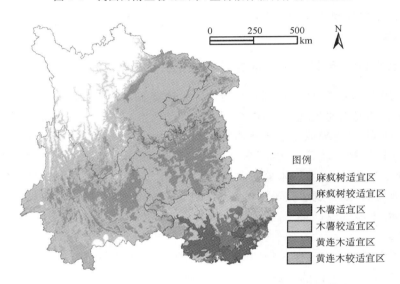

图 5-2　我国西南五省(区、市)生物液体燃料作物种植模式

　　将该分析结果与木薯、麻疯树和黄连木 3 种作物适宜与较适宜种植的土地资源进行叠置,即可获得 3 种作物经优化的适宜与较适宜种植的土地资源空间分布及数量。

5.1.1.1　经优化的木薯适种土地

　　经综合分析并优化后,适宜、较适宜木薯种植的土地资源类型及空间分布见图 5-3、图 5-4(见书后彩插)和表 5-1。结果表明,适宜与较适宜木薯种植的土地资源均以高、中覆盖度草地为主,主要分布在广西南部—中部地区,其中,适宜木薯种植的土地资源相对有限,仅 21.46 万 hm²,较适宜的土地资源相对较多,共 58.11 万 hm²。

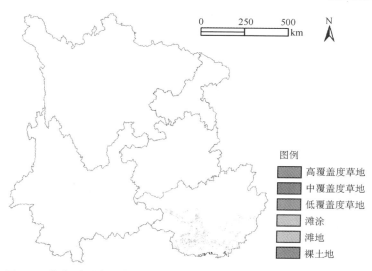

图 5-3　优化后西南五省(区、市)适宜于木薯种植的土地类型空间分布

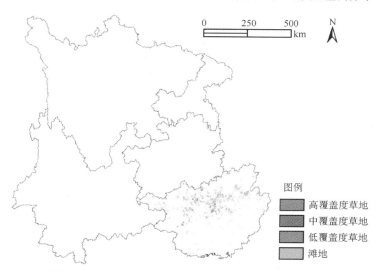

图 5-4　优化后西南五省(区、市)较适宜于木薯种植的土地类型空间分布

表 5-1　优化后西南五省(区、市)木薯适种土地资源(单位:10⁴ hm²)

	高覆盖度草地	中覆盖度草地	低覆盖度草地	滩涂	滩地	裸土地	合计
适宜土地	18.31	2.42	0.02	0.04	0.58	0.09	21.46
较适宜土地	49.16	8.13	0.39	0	0.43	0	58.11

5.1.1.2　经优化的麻疯树适种土地

适宜麻疯树种植的土地资源主要分布在广西南部—中部地区及云南南部地区,以疏林地、高—中覆盖度草地为主,共 177.94 万 hm²(图 5-5,见书后彩插;表 5-2)。较适宜麻疯树种植的土地资源则主要分布在云南南部及广西北部地区,在四川南部、贵州北部和重庆地区也有零星分布,共 498.91 万 hm²(图 5-6,见书后彩插;表 5-2),以疏林地、高—中覆盖度草地为主。

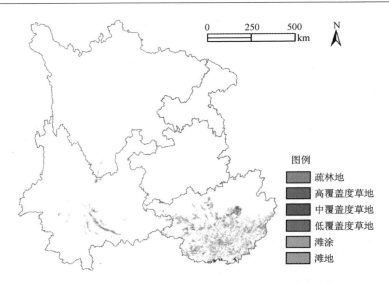

图 5-5　优化后西南五省(区、市)适宜于麻疯树种植的土地类型空间分布

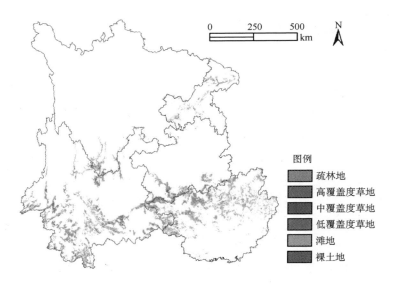

图 5-6　优化后西南五省(区、市)较适宜于麻疯树种植的土地类型空间分布

表 5-2　优化后西南五省(区、市)麻疯树适种土地资源(单位:10⁴ hm²)

	疏林地	高覆盖度草地	中覆盖度草地	低覆盖度草地	滩涂	滩地	裸土地	合计
适宜土地	120.83	44.69	10.85	0.90	0.11	0.57	0	177.94
较适宜土地	268.01	134.28	89.31	6.34	0	0.82	0.16	498.91

5.1.1.3　经优化的黄连木适种土地

经综合分析并优化后,适宜、较适宜黄连木种植的土地资源类型及空间分布见图 5-7、图 5-8(见书后彩插)和表 5-3。结果表明,适宜与较适宜黄连木种植的土地资源分布较广,在云南、贵州分布最多,在广西分布较少。土地资源类型以疏林地、高—中覆盖度草地为主,其中,

适宜黄连木种植的土地资源共 686.34 万 hm²,而较适宜黄连木种植的土地资源共 1470.63 万 hm²。

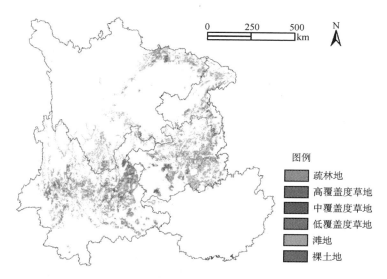

图 5-7　优化后西南五省(区、市)适宜于黄连木种植的土地类型空间分布

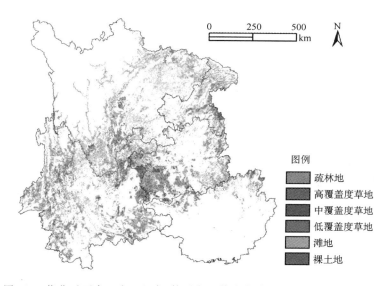

图 5-8　优化后西南五省(区、市)较适宜于黄连木种植的土地类型空间分布

表 5-3　优化后西南五省区黄连木适种土地资源(单位:10⁴ hm²)

	疏林地	高覆盖度草地	中覆盖度草地	低覆盖度草地	滩涂	滩地	裸土地	合计
适宜土地	287.00	158.35	230.09	9.98	0	0.78	0.14	686.34
较适宜土地	633.03	369.51	429.12	35.03	0	2.87	1.08	1470.63

5.1.2　生物液体燃料净能量生产潜力分析

本节的主要内容是在第四章单位面积能源作物净能量平衡模型和本章上一节作物可持续

种植模式的基础上，构建能源作物净能量生产潜力分析模型，估算西南五省（区、市）发展生物能源的净能量生产潜力。

5.1.2.1　能源作物净能量生产潜力分析模型

根据本书第四章相关描述，以净能量最大化为目标的生物液体燃料生产潜力模型的具体形式如下[162,163]：

$$\max J = \sum_i \sum_k \big[((\eta \times LHV_k) - en_{growk} - (en_{tranpon} \times d_1) - en_{producek}$$
$$- (en_{transpon} \times m \times d) + en_{byproduct}) \times u_k \times x_{ik} \big] \tag{5-1}$$

式中：i 为土地等级（适宜、较适宜）；k 为作物类型（木薯、麻疯树、黄连木）；$\max J$ 为最大净能量产量；x_{ik} 为第 i 类土地上种植 k 种作物的土地面积（hm^2）；u_k 为第 k 种作物的单位面积产量（t/hm^2）；η 为能源转换效率；LHV_k 为第 k 种作物的低热值（MJ/t）；$en_{transport}$ 为运输柴油（能量）消耗强度（MJ/（t·km））；m 是生物液体燃料转化率；en_{growk} 为第 k 种生物液体燃料原料作物生产过程中的能量消耗（MJ/t）；$en_{producek}$ 为第 k 种原料作物转化为液体燃料过程中的能量消耗（MJ/t）；$en_{byproductk}$ 为第 k 种原料作物转化为液体燃料过程中产生的副产品所含能量（MJ/t）。

在此模型中，若移除参数 i（土地等级为适宜、较适宜），则模型转化为仅计算适宜或较适宜土地资源情况下的净能量产出量；当移除参数 k（作物种类为木薯、麻疯树、黄连木）时，模型转化为仅计算利用适宜与较适宜土地种植一种能源作物的净能量产出情况。

5.1.2.2　能源作物净能量生产潜力分析结果

（1）西南五省（区、市）生物液体燃料能源作物净能量总生产潜力

对于西南五省（区、市），根据作物种植区划结果，适宜、较适宜木薯、麻疯树和黄连木种植的土地资源数量，利用前述模型，计算当不考虑副产品分配时，西南五省（区、市）生物液体燃料能源作物净能量总生产潜力（表 5-4）。结果表明，经区划后，西南五省（区、市）生物液体燃料能源作物净能量最大总生产潜力为 3.90×10^7 万 MJ，若按照此区划进行生物液体燃料生产，则每年生产的生物乙醇和生物柴油的净能量相当于 866.808 万 t 汽油或 614.564 万 t 柴油；而若仅利用等级为适宜的土地资源，每年仅能替代 444.798 万 t 汽油或 315.361 万 t 柴油。根据吴伟光[2]设定的生物液体燃料发展的高、中、低 3 种方案，即分别利用 100%、70% 和 30% 宜能边际土地资源种植能源作物，则西南五省（区、市）每年生产的生物液体燃料的净能量分别等价于 866.813 万 t、606.766 万 t 和 260.042 万 t 汽油。

若移除模型中参数 i 时，当土地等级为适宜时，即仅利用适宜土地发展生物液体燃料产业，最大净能量生产潜力为 2.00×10^7 万 MJ；而当土地等级为较适宜时，最大净能量生产潜力为 1.90×10^7 万 MJ。

表 5-4　西南五省（区、市）生物液体燃料能源作物净能量总生产潜力

作物类型	适宜土地（万 hm^2）	净能量（万 MJ）	较适宜土地（万 hm^2）	净能量（万 MJ）
木薯	21.455	427977.870	58.110	571328.673
麻疯树	177.940	6006182.953	498.905	7490558.087
黄连木	686.338	13581771.588	1470.630	10928544.551
合计	885.733	20015932.411	2027.645	18990431.311
净能量共计		39006363.722		

当移除模型中参数 k 时,当仅发展木薯生物乙醇时,最大净能量潜力为 1.00×10^6 万 MJ;当仅发展麻疯树时,最大净能量潜力为 1.35×10^7 万 MJ;当仅发展黄连木生物柴油时,最大净能量潜力为 2.45×10^7 万 MJ。由数据可知,根据区划,西南五省(区、市)木薯的总净能量值较小,而黄连木由于适种范围广,总净能量最大。

(2)西南五省(区、市)生物液体燃料能源作物净能量生产潜力分布

分省统计表明,研究区各省(区、市)中以云南省总净能量潜力最大,共 2.65×10^7 万 MJ,黄连木和麻疯树比重均较大(图 5-9);其次为贵州省,总净能量约为 1.32×10^7 万 MJ,以黄连木生物柴油为主;广西、四川总净能量值接近,分别为 0.93×10^7、0.90×10^7 万 MJ,其中,广西净能量组成中包含了部分木薯燃料乙醇产生的净能量;重庆市生物液体燃料总净能量最小,仅为 0.45×10^7 万 MJ,以黄连木为主。

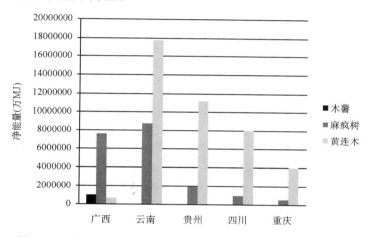

图 5-9　西南五省(区、市)生物液体燃料生产净能量潜力分省统计

5.1.3　生物液体燃料生命周期环境影响模型构建

本节的主要内容是在第四章单位面积能源作物净能量平衡模型和本章第 5.1.1 节作物区划的基础上,构建能源作物净温室气体减排潜力分析模型,估算西南五省(区、市)发展生物能源的净温室气体减排潜力。

5.1.3.1　能源作物净温室气体减排潜力分析模型

根据本书第四章相关描述,采用以减排最大化为目标的生物液体燃料生产潜力模型(式 4-18)计算。

在此模型中,与净能量生产潜力分析模型类似,若移除参数 i(土地等级为适宜、较适宜),则模型转化为仅计算适宜或较适宜土地资源情况下的温室气体减排量;当移除参数 k(作物种类为木薯、麻疯树、黄连木)时,模型转化为仅计算利用适宜与较适宜土地仅种植一种能源作物的温室气体减排情况。

5.1.3.2　能源作物净温室气体减排潜力分析结果

(1)我国西南五省(区、市)生物液体燃料能源作物温室气体减排潜力

对于西南五省(区、市),根据作物种植区划结果及适宜、较适宜木薯、麻疯树和黄连木种植

的土地资源数量,利用温室气体减排模型,计算当不考虑副产品分配时,西南五省(区、市)生物液体燃料能源作物总温室气体减排潜力(表 5-5)。结果表明,经区划后,西南五省(区、市)生物液体燃料能源作物总温室气体减排潜力为 4811.808 万 t。根据吴伟光[2]设定的生物液体燃料发展的高、中、低 3 种方案,即分别利用 100%、70%和 30%宜能边际土地资源种植能源作物,则西南五省(区、市)每年生产的生物液体燃料的总温室气体减排潜力分别为 4811.808 万 t、3368.265 万 t 和 1443.542 万 t。

表 5-5　我国西南五省(区、市)生物液体燃料能源作物总温室气体减排潜力

作物类型	适宜土地(万 hm²)	总减排(万 t)	较适宜土地(万 hm²)	总减排(万 t)	小计
木薯	21.455	13.990	58.110	10.348	24.338
麻疯树	177.940	608.776	498.905	838.693	1447.468
黄连木	686.338	1654.528	1470.630	1685.473	3340.001
合计	885.733	2277.294	2027.645	2534.513	
减排总计		4811.808			

若移除模型中参数 i 时,当土地等级为适宜时,即仅利用适宜土地发展生物液体燃料产业,最大温室气体减排潜力为 885.733 万 t;而当土地等级为较适宜时,最大温室气体减排潜力为 2027.645 万 t。

当移除模型中参数 k 时,当仅发展木薯生物乙醇时,最大温室气体减排潜力为 24.338 万 t;当仅发展麻疯树时,最大温室气体减排潜力为 1447.468 万 t;当仅发展黄连木生物柴油时,最大温室气体减排潜力为 3340.001 万 t。由数据可知,根据区划,西南五省(区、市)木薯由于种植面积较小,其温室气体减排潜力值较小,而黄连木由于适种范围广,总温室气体减排潜力值最大。

(2)西南五省(区、市)生物液体燃料能源作物温室气体减排潜力分布

分省统计表明,研究区各省中以云南省总减排潜力最大,共 3052.749 万 t,黄连木和麻疯树比重均较大(图 5-10);其次为贵州省,总减排量约为 1564.065 万 t,以黄连木生物柴油生产形成的减排为主;广西、四川总减排量接近,分别为 1077.568 万 t、920.930 万 t,其中,广西减排量组成中包含了部分木薯燃料乙醇生产形成的减排,但比重较小;与净能量类似,重庆市生物液体燃料总减排量最小,仅为 542.665 万 t。

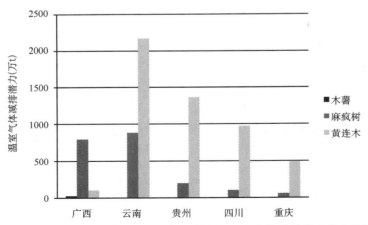

图 5-10　我国西南五省(区、市)生物液体燃料温室气体减排潜力分省统计

5.1.4　结论与讨论

本节基于宜能边际土地资源适宜性等级、生物液体燃料生命周期能量平衡和环境排放数据,首先进行了能源作物种植区划,并构建了生物液体燃料净能量生产潜力模型和温室气体减排模型,从而对西南五省(区、市)生物液体燃料规模化发展进行优化,并对净能量生产潜力和环境效益进行了模拟分析。结果表明:

(1)对西南五省(区、市)产能—环境可持续的生物液体燃料作物发展模式分析结果表明,木薯适宜区主要分布在广西南部地区,土地资源相对有限,仅 21.46 万 hm^2;较适宜区则主要分布在广西中部—北部,土地资源共 58.11 万 hm^2。麻疯树适宜区主要分布在广西中部地区及云南南部地区,土地资源总量共 177.94 万 hm^2,以疏林地、高—中覆盖度草地为主;较适宜区则主要分布在云南西南部、东南部,在重庆、四川、贵州也有部分较适宜种植的区域,土地资源共 498.91 万 hm^2,主要为疏林地、高—中覆盖度草地。黄连木适宜范围主要分布在贵州中东部地区和云南东北部地区,在四川北部也有部分适宜区域,土地资源类型以疏林地、高—中覆盖度草地为主,土地资源共 686.34 万 hm^2;黄连木的较适宜种植区则遍布西南五省(区、市),土地资源共 1470.63 万 hm^2。

(2)能源作物净能量生产潜力分析模型计算结果表明,经能源作物种植区划后,西南五省(区、市)生物液体燃料能源作物净能量最大总生产潜力为 3.90×10^7 万 MJ,按照此方案进行生物液体燃料种植、生产,则每年生产的生物乙醇和生物柴油的净能量相当于 866.808 万 t 汽油或 614.564 万 t 柴油;而若仅利用等级为适宜的土地资源,每年仅能替代 444.798 万 t 汽油或 315.361 万 t 柴油。其中,云南省总净能量潜力最大,共 2.65×10^7 万 MJ,其次分别为贵州、广西和四川,重庆市生物液体燃料总净能量最小,仅为 4.55×10^6 万 MJ。

(3)能源作物净温室气体减排潜力分析模型计算结果表明,经能源作物种植区划后,西南五省(区、市)生物液体燃料能源作物总温室气体减排潜力为 4811.808 万 t。与净能量生产潜力类似,云南省总减排潜力最大,共 3052.749 万 t,其次分别为贵州、广西和四川,重庆市生物液体燃料总减排量最小,仅为 542.665 万 t。

5.2　长江中下游地区冬闲田生物能源发展潜力研究

生物柴油作为生物能源的一种,近 20 年来在世界各国发展很快。全球生物柴油产量从 2001 年的 9.59 亿升增长到 2011 年的 214 亿升。我国生物柴油正处于开发初期与小批量试产阶段,主要以餐饮等行业回收废油或以膏桐、黄连木、油菜籽等为原料。油菜的化学组成与柴油很相近,是生物柴油的理想原料。目前,在长江流域有大面积的冬闲田,适宜冬油菜生长,利用冬闲田种植油菜生产生物柴油,不与主要粮食作物争地,不仅可为解决我国目前面临的生物柴油原料不足的问题作出贡献,还对调整农业结构、增加农民收入等具有重要意义。

长江流域具有独特的气候条件,油菜生长季节雨量充沛,日照充足,种植条件优越,是我国油菜生长适宜区域。长江中下游地区 7 省(区、市)2000 年油菜种植面积达 4555 千 hm^2。但是因为快速城镇化造成农村劳动力流失及油菜等农产品价格等影响,2000—2007 年油菜种植面积持续下降,特别是 2006 年和 2007 年分别严重下滑至 3948 千 hm^2 和 3137 千 hm^2。2007 年国家发布了《2007 年油菜良种补贴项目实施方案》,在长江流域实施油菜良种补贴政策,同时还实施了油菜籽最低保护价收购政策,在国家政策和市场的双重拉动下,2008 年以来油菜种植面积略有恢复,但很大一部分在冬季处于闲置状态。

要想对该区域冬闲田生物柴油发展潜力进行准确评估和合理规划,首先要确定冬闲的土地资源总量有多少,分布在什么区域。在此基础上才能结合区域光温水热条件,对冬闲田生物柴油发展潜力进行准确评估。但是目前国内尚无准确的统计数据,因为耕地是否闲置是农户的个人行为,具有很强的随机性,每年的数量和分布可能会有不同。利用遥感结合 GIS 快速、高效、准确地提取大范围冬闲田的时空分布则是现阶段较为理想的解决方案[178]。本书提出了一种基于遥感的冬闲田面积快速获取方法:首先基于 500 m 空间分辨率、8 d 合成的美国 EOS-MODIS 卫星遥感数据,通过完整生长季长时间序列数据的动态阈值法分析,结合农作物物候信息,提取了 2010 年研究区内冬闲田面积和空间分布,在此基础上首次对冬闲田的生物柴油发展潜力和空间分布进行估算,为探索利用冬闲田发展生物柴油的可行性问题提供参考,为国家能源产业布局和发展规划提供科学的数据支持。

5.2.1　基于时间序列分析技术的冬闲田遥感识别

5.2.1.1　研究区概况与数据来源

长江中下游地区由长江及其支流冲积而成,地势低平,海拔多为 50 m 左右。气候大部分属北亚热带,小部分属中亚热带北缘。年均温 14～18℃,1 月均温 0～5.5℃,7 月均温 27～28℃,绝对最高温可达 38℃以上。年降水量 1000～1500 mm,季节分配较均匀,但有“伏旱”。无霜期 210～270 d,10℃以上积温达 4500～5000 ℃·d。气候条件十分优越,适合种植冬季作物,农作物多为一年两熟或三熟。农业发达,土地垦殖指数高,是全国粮食产量最高的区域之一,也是我国重要的商品粮、棉、油和水产基地[179]。

本研究区主要包括湖北江汉平原,湖南洞庭湖平原、鄱阳湖平原,长江三角洲平原及沿岸主要城市等,包括湖北、湖南、江西、安徽、江苏、浙江、上海 7 个省(市)的部分市、县,面积约 35 万 hm²。研究区位置如图 5-11 所示,研究区土地利用情况如图 5-12 所示。

研究中主要利用的数据包括:

(1)MODIS 数据

本研究使用 MODIS 陆地产品 MOD09A1,地表反射率 8 d 合成数据,时间从 2010 年 8 月 29 日至 2011 年 7 月 4 日,共 40 个时相数据。地表反射率产品来自于 MODIS 1B 产品的 1～7 波段,即 250 m 的波段 1、2 和 500 的波段 3～7。使用 MODIS 提供的 MRT 投影转换工具对数据进行投影转换、拼接和格式转换。

植被指数是利用遥感卫星探测数据的线性或非线性组合而形成的能反映绿色植被生长状况和分布的特征指数[180],而时间序列的植被指数能更准确地反映各个阶段的植被生长状况。归一化植被指数(NDVI)的应用最广泛且表现稳定,但它在植被高覆盖区有易饱和现象[181,182]。为了克服 NDVI 指数存在的缺陷,引入了背景调节参数 L 和大气修正参数 C_1、C_2,在同时减少背景和大气噪音的前提下,建立了增强植被指数(EVI)[183],改进了 NDVI 的某些缺陷,特别是大气噪声、土壤背景、饱和度等问题[181,184]。计算公式如下:

$$EVI = G \times \frac{\rho_{nir} - \rho_{red}}{\rho_{nir} + C_1 \rho_{red} - C_2 \rho_{blue} + L} \qquad (5\text{-}2)$$

式中:ρ_{blue} 为蓝光波段反射率,相应于 MODIS 数据的第 3 波段反射率;$L=1$,为冠层背景调节系数;$C_1=6$,为大气修正红光校正参数;$C_2=7.5$,为大气修正蓝光校正参数;$G=2.5$,为增益因子[185]。

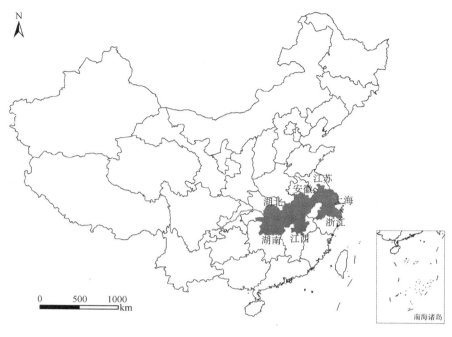

图 5-11 研究区位置图

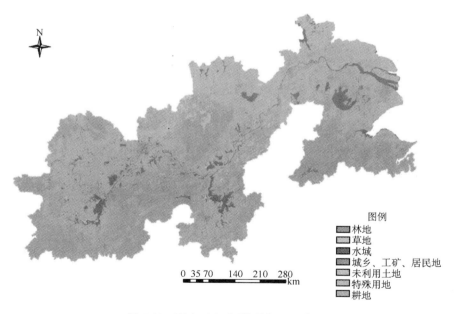

图 5-12 研究区土地利用图(2010 年)

(2)土地利用数据

本研究的土地利用数据来源于中国科学院资源环境科学数据中心的 1∶10 万土地利用数据,由 Landsat TM 影像通过人工目视解译而获得。本研究结合 2010 年的土地利用现状数据,提取出耕地,作为冬闲田提取的数据基础。

（3）农作物生长发育数据

农作物生长发育数据集来源于中国气象局中国农作物生长发育和农田土壤湿度旬值数据集,使用了本研究区内 48 个农业气象站观测的历年农作物生长发育状况数据,主要包括:作物名称、发育期名称、发育历期、发育程度、发育期距平、植株高度、生长状况、植株密度、到本旬末积温、积温距平等。本研究以研究区内 2010—2011 年的农作物生长发育数据为主,并参考往年数据,对研究区内农作物物候进行研究,从而为明确研究区内典型农作物的类型、播种时间、成熟时间、收获时间等提供参考依据。

（4）社会经济统计数据

查阅并搜集湖北、湖南、江西、安徽、江苏、上海、浙江 7 省（市）的社会经济统计资料,主要包括耕地面积、冬小麦、油菜、水稻等典型作物的播种面积、分布及产量等。

目前,国内外学者已经对遥感作物物候监测方法开展了广泛研究,利用遥感数据确定作物物候的方法很多,根据监测方法和模型的差异主要包括阈值法、Logistic 函数拟合法、谐波分析法、滑动平均法、斜率最大值法等[186-191]。但是由于不同方法通常针对特定研究区域或作物类型,不具有普遍适用性。运用不同方法对某个区域或作物类型的生长季节进行划分,通常也会得到不同的结果[186]。根据前人的研究成果,本研究主要使用动态阈值法和斜率最大值法对作物的关键物候期进行提取。

冬闲田提取过程如图 5-13 所示。

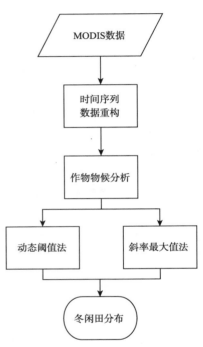

图 5-13　冬闲田提取流程图

5.2.1.2　基于 HANTS 的时间序列数据重构

遥感植被指数（VI）时间序列可以反映地表条件的变化,尤其是地表植被生长的动态过程,但是由于数据的采集和处理过程中存在各种误差,如太阳高度角、观测角度的影响,以及云、水汽、气溶胶和传感器精度变化干扰等,这都将严重影响数据的质量。所以,去除噪音、重新构建平滑的时间序列植被指数,是了解农作物生长情况、准确提取冬闲田的关键步骤。

谐波分析法通常把一个复杂函数看成由许多简单函数叠加而成,最简单和常用的周期函数就是三角函数中的正弦、余弦函数。谐函数分解方法充分考虑了植被生长周期性和数据本身的特点,能够用代表不同生长周期的植被频率曲线重新构建时间序列遥感图像,真实反映曲线的周期性变化规律。该算法已经广泛应用于土地覆盖分类和植被物候监测研究[188,192-194]。本研究使用时间序列谐波分析法（Harmonic Analysis of Time Series, HANTS）对 MODIS EVI 时间序列数据进行重构,为了计算方便,本研究中将 EVI 值均乘以 10000（图 5-14）。

5.2.1.3　研究区作物物候与植被指数季度变化特征分析

植物物候是指植物受气候和其他环境因子的影响出现的以年为周期的自然现象,包括植物的发芽、展叶、开花、叶变色、落叶等,是植物长期适应环境的周期性变化而形成的生长发育规律[195,196]。农作物物候期监测主要是发现农作物在形态上发生显著变化所对应的日期,及从播种、出苗到收获所经历的生长期时间。作物的物候信息不仅反映当地、当时的环境条件,而且反映过去一段时间环境条件的积累[197]。遥感监测物候期的关键是结合时间序列的植被指数特征定义物候期的识别标准。已经有众多的研究者使用时间序列的植被指数在农作物估产、森林物候、农作物物候监测和作物类型识别、生态环境演变、耕地利用率、植被覆盖度等方面进行了研究[198-208]。

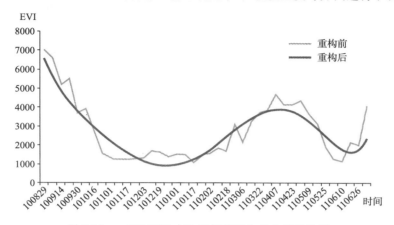

图 5-14　　HANTS 方法重构前后生长曲线对比图

研究农作物物候变化规律是提取研究区内冬闲田的重要基础,根据农作物物候规律结合遥感数据确定典型作物的生长变化曲线,从而快速、准确地提取出冬闲田。研究区内种植的主要作物包括:水稻、油菜、冬小麦、棉花、玉米等,主要作物的关键物候期如表 5-6 所示。

表 5-6　研究区内早稻主要物候期

作物类型	关键物候期	时间	关键物候期	时间	关键物候期	时间	关键物候期	时间
早稻	播种	3 月下旬—4 月上旬	出苗	4 月上旬—4 月中旬	孕穗	6 月中旬—6 月下旬	成熟	7 月中旬—7 月下旬
晚稻	播种	6 月中旬—6 月下旬	出苗	6 月下旬—7 月上旬	孕穗	9 月上旬—9 月中旬	成熟	10 月中旬—11 月上旬
油菜	播种	9 月中旬—10 月下旬	出苗	9 月下旬—11 月上旬	抽薹	12 月下旬—3 月中旬	成熟	5 月上旬—5 月中旬
冬小麦	播种	10 月下旬—11 月上旬	出苗	10 月下旬—11 月中旬	返青	2 月中旬—3 月上旬	成熟	5 月下旬—6 月上旬
棉花	播种	4 月上旬—4 月下旬	出苗	4 月中旬—5 月上旬	开花	7 月上旬—7 月下旬	裂铃	8 月中旬—9 月中旬

要明确冬闲的分布情况,首先应确定研究区内 2010 年农作物的成熟时间、越冬作物返青时间及 2011 年作物播种时间。根据研究区农作物物候,作物秋季成熟时间集中在 9—11 月,越冬作物的返青时间集中在 2 月和 3 月。为了分析作物成熟和返青的过程,本研究统计了从 2010 年 9 月 6 日至 11 月 9 日每隔 8 d 像元变化情况(图 5-15～图 5-22)及 2011 年 2 月 10 日至 4 月 7 日每隔 8 d 像元变化情况(图 5-23～图 5-30)。

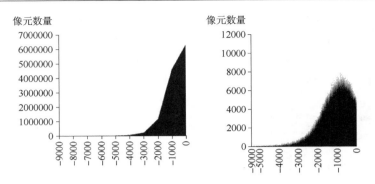

图 5-15　2010 年 9 月 6—14 日像元 EVI 值负变化情况数量统计

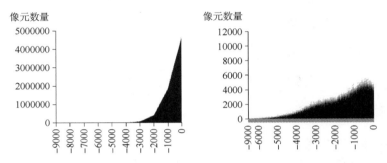

图 5-16　2010 年 9 月 14—22 日像元 EVI 值负变化情况数量统计

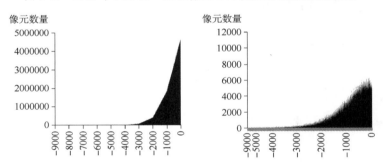

图 5-17　2010 年 9 月 22—30 日像元 EVI 值负变化情况数量统计

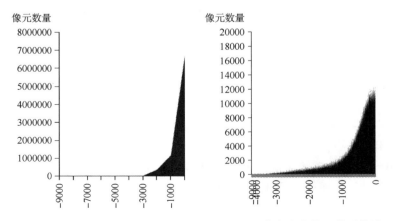

图 5-18　2010 年 9 月 30 日—10 月 8 日像元 EVI 值负变化情况数量统计

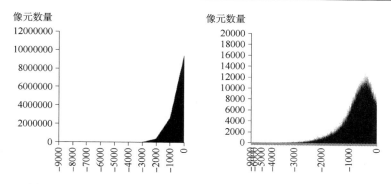

图 5-19　2010 年 10 月 8—16 日像元 EVI 值负变化情况数量统计

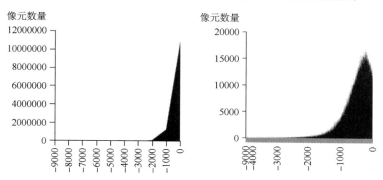

图 5-20　2010 年 10 月 16—24 日像元 EVI 值负变化情况数量统计

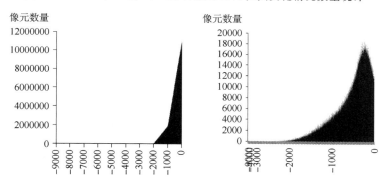

图 5-21　2010 年 10 月 24 日—11 月 1 日像元 EVI 值负变化情况数量统计

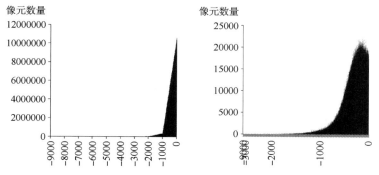

图 5-22　2010 年 11 月 1—9 日像元 EVI 值负变化情况数量统计

　　农作物的成熟、收获会导致 EVI 的大幅下降,从图 5-15～图 5-22 像元 EVI 值下降情况可以看出,研究区内农作物收获是一个逐步的过程。9 月 6—14 日,EVI 变化值在－2000～0 之间的像元数量占优势,如图 5-15 所示;9 月 14—22 日,像元 EVI 变化值从－2000～0 区域的数量明显向－4000～－2000 区域转移,出现一个－4000～－2000 的高峰,如图 5-16 所示,此时收获集中出现,成熟收获的主要农作物为一季稻、玉米、大豆等。9 月 30 日到 10 月 8 日,EVI 变化值在－2000～0 之间的像元数量相对减少,如图 5-18 所示,收获的主要作物是中稻。10 月 8 日到 11 月 1 日 EVI 变化值在－2000～0 之间的像元数量增加,如图 5-19～图 5-21 所示,11 月 1—9 日 EVI 变化值在－2000～0 之间的像元数量增加,如图 5-22 所示,此阶段主要是晚稻逐步成熟收获的过程。

　　根据研究区农作物物候,早稻播种时间是 3 月下旬—4 月上旬,棉花的播种时间是 4 月上旬—4 月下旬,大豆的播种时间是 5 月中旬—6 月上旬,春玉米的播种时间是 3 月上旬—4 月中旬,2 月和 3 月为越冬作物快速生长时期,可根据 2 月和 3 月 EVI 变化情况来识别越冬作物冬小麦、油菜等的分布,准确识别越冬作物的分布是提取冬闲田的另一个关键部分。2 月和 3 月分别是冬小麦和油菜越冬后进入返青、拔节、现蕾、抽薹、开花生长旺盛的阶段,EVI 值变化明显。从图 5-23～图 5-30 可以看到,从 2 月 2 日到 4 月 7 日,像元 EVI 值逐步增加。其中,增量最为明显的是 2 月 2—10 日(图 5-23)和 2 月 26 日至 3 月 6 日(图 5-26)。2 月 2—10 日,EVI 值增量在 0～2000 之间的像元数量占优势,此阶段油菜集中进入现蕾、抽薹期,变化明显。2 月 26 日至 3 月 6 日,EVI 值增量明显由 0～1000 范围移向 1000～2000 区域,并且在 1000～2000 范围内出现一个小高峰,此阶段为冬小麦的返青期(图 5-26)。研究区 EVI 值空间分布及时间变化情况如图 5-31(见书后彩插)所示。

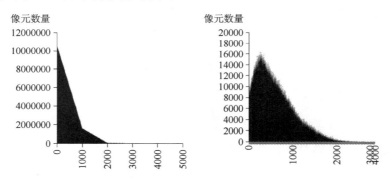

图 5-23　2011 年 2 月 2—10 日像元 EVI 值增加情况数量统计

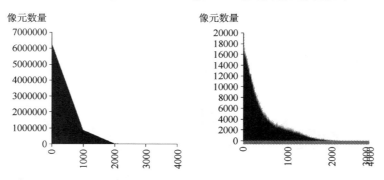

图 5-24　2011 年 2 月 10—18 日像元 EVI 值增加情况数量统计

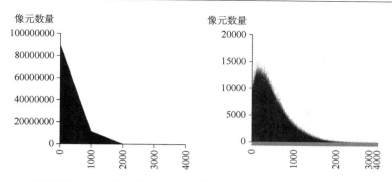

图 5-25　2011 年 2 月 18—26 日像元 EVI 值增加情况数量统计

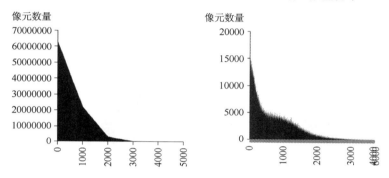

图 5-26　2011 年 2 月 26 日—3 月 6 日像元 EVI 值增加情况数量统计

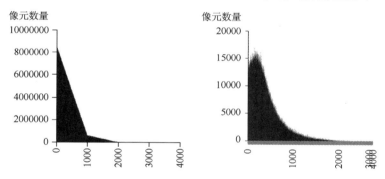

图 5-27　2011 年 3 月 6—14 日像元 EVI 值增加情况数量统计

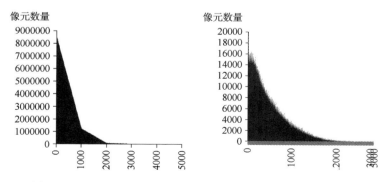

图 5-28　2011 年 3 月 14—22 日像元 EVI 值增加情况数量统计

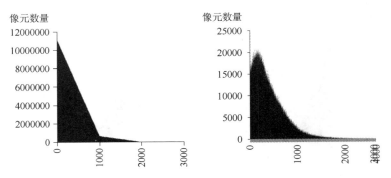

图 5-29　2011 年 3 月 22—30 日像元 EVI 值增加情况数量统计

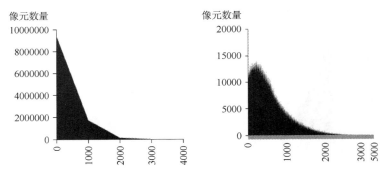

图 5-30　2011 年 3 月 30 日—4 月 7 日像元 EVI 值增加情况数量统计

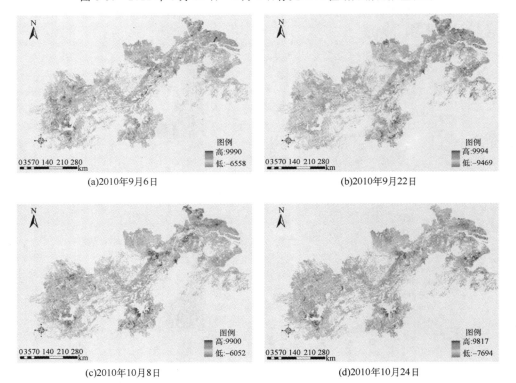

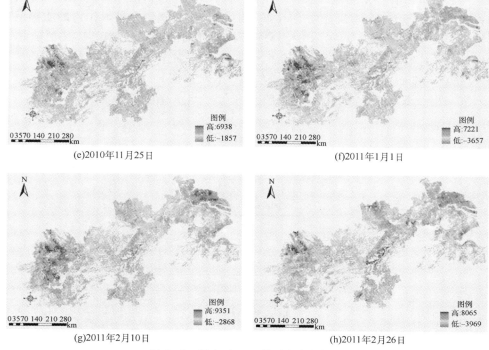

(e)2010年11月25日 (f)2011年1月1日

(g)2011年2月10日 (h)2011年2月26日

图 5-31 研究区 EVI 值时空变化情况

5.2.1.4 冬闲田识别与信息提取

1)动态阈值法

动态阈值法是根据 EVI 的季节曲线,逐像元判断,认为 EVI 增长到当年 EVI 振幅一定百分比的时刻为生长季的开始期,降低到 EVI 振幅一定百分比的时刻为生长季的结束期,这样就克服了空间上不同土地覆盖类型及时间上不同年份 EVI 曲线变化双重因素的干扰,进而使得到的物候变量在时空域上具有更好的一致性与可比性。动态阈值 EVI_{lim} 的计算公式为:

$$EVI_{lim} = (EVI_{max} - EVI_{min}) \times C \tag{5-3}$$

式中:EVI_{max} 为生长期内最大值,EVI_{min} 为最小值,C 为系数。目前,已经有很多学者针对不同的研究区域和不同的土地覆盖类型进行了研究,确定了不同的阈值(表 5-7)。

表 5-7 动态阈值取值

阈值	研究区	文献
0.17	法国巴黎南部的 Beauce 地区的农田区	文献[41]
0.5 个 NDVI 年内归一化比率	美国	文献[42]
0.05～0.35NDVI,以 0.05 的增幅,确定 6 个阈值	全球	文献[43]
0.2 个 NDVI 年内振幅	东北森林区	文献[20]
0.2 个 NDVI 年内振幅	非洲的 Sahel 和苏丹地区	文献[19]
0.2	北亚(30°～145°E,40°～75°N)	文献[44]
0.2	东北	文献[45]
生长季枯黄期为 0.2,生长季返青期为 0.1	青藏高原	文献[46]
0.2	中国长江中下游地区	文献[4]

在总结和借鉴已有研究成果的基础上,结合研究区农作物物候及农作物在成熟期和返青(出苗)期 EVI 的变化特征,本研究取 EVI 振幅的 20％作为阈值来提取作物的成熟期和返青(出苗)期。定义生长开始期为:在作物生长过程中 EVI 曲线上升的阶段,EVI 振幅的 20％所对应的时间点为作物的生长开始期。定义生长结束期为:在作物生长过程中 EVI 曲线下降的阶段,EVI 振幅的 20％所对应的时间点为作物的生长结束期。

本研究利用动态阈值法提取农作物成熟期和返青(出苗)期的过程如图 5-32 所示。

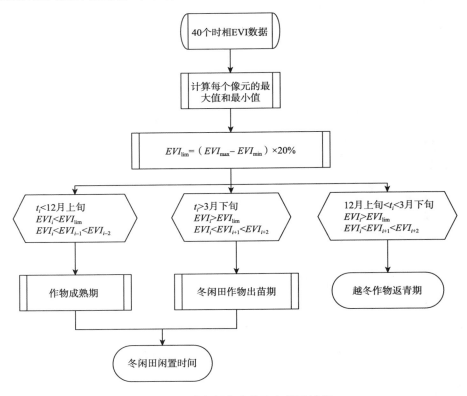

图 5-32　动态阈值法提取冬闲田过程

(1)获取每个像元 40 个时相中 EVI 的最大值 EVI_{max} 和最小值 EVI_{min},并计算像元的 EVI 振幅;

(2)将每个像元振幅的 20％作为该像元的动态阈值;

(3)根据研究区作物物候,秋粮成熟期集中在 9 月、10 月、11 月,因此可以限定像元的成熟期在 12 月之前达到阈值点,并且像元在达到阈值点前的 EVI 值呈连续下降趋势,则认为该像元农作物处于成熟期。

2 月和 3 月为油菜、小麦等越冬作物快速生成时期,若像元在 3 月下旬之前达到阈值点,并且像元在达到阈值点后的 EVI 值呈连续增长趋势,则认为此像元的越冬作物进入返青期,即为非冬闲田。

明确种植越冬作物的像元后,则可以确定冬闲田的像元,若像元在 3 月下旬以后达到阈值点,并且像元在达到阈值点后的 EVI 值呈连续增长趋势,则认为该像元进入出苗期,根据作物成熟时间和出苗时间,可以计算出冬闲田的闲置时间。

2)斜率最大值法

斜率最大值法是根据作物的生长过程,将 EVI 时间序列曲线变化率最大的点所对应的时间定义为作物的关键物候期。对于一年一熟的作物将出苗期定义为曲线初始阶段上升速率的最大值处,抽穗期定义为 EVI 最大值处,收获期为曲线下降速率变化值最大处。上升速率和下降速率可以用后一时相 EVI 值减去前一时相的 NDVI 值,再除以前一时相的 EVI 值[186],公式如下:

$$EVI_{ratio}(i) = \frac{EVI_{(i+1)} - EVI_{(i)}}{EVI_{(i)}} \tag{5-4}$$

对于一年两熟和多熟的作物,需要根据轮作规律分作物、分时段进行分析。

本研究利用斜率最大值法提取农作物成熟期和返青(出苗)期的过程如图 22 所示。

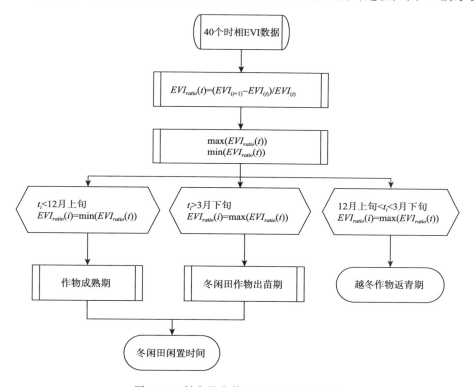

图 5-33　斜率最大值法提取冬闲田过程

(1)对 40 个时相的数据逐像元分析,计算每个像元 EVI 变化斜率的最大值和最小值;

(2)在 12 月上旬之前,并且 $\min(EVI_{ratio}(i)) = EVI_{ratio}(t)$,则第 i 个时相的像元进入成熟期;

(3)3 月下旬前满足 $\max(EVI_{ratio}(i)) = EVI_{ratio}(t)$,则此像元的越冬作物进入返青期,即认为此像元为非冬闲田。

若像元 EVI 变化斜率值在 3 月下旬以后满足 $\max(EVI_{ration}(i)) = EVI_{ration}(t)$,则认为像元进入出苗期,根据作物成熟时间和出苗时间,可以计算出冬闲田的闲置时间。

5.2.1.5　结果与验证

1)冬闲田的提取结果

动态阈值法提取的冬闲田面积为 54728.71 km^2,占研究区内全部耕地面积的 35.73%,斜率最大值法提取的冬闲田面积为 48996.83 km²，占研究区内全部耕地面积的 31.99%。两种方法提取的冬闲田闲置时间及分布情况如图 5-34、图 5-35（见书后彩插）所示。

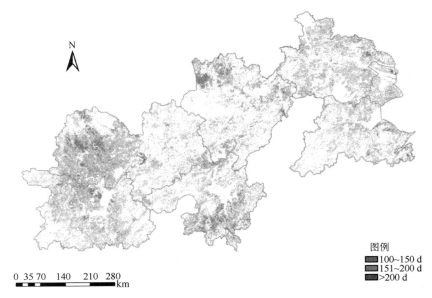

图 5-34　动态阈值法提取的冬闲田闲置时间

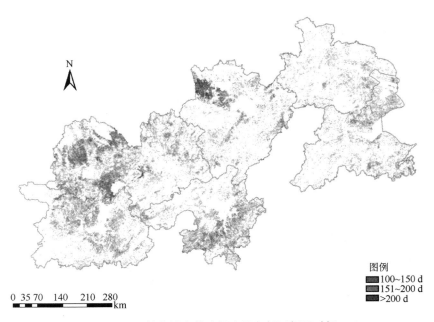

图 5-35　斜率最大值法提取的冬闲田闲置时间

研究区冬闲田分布大致上呈由北向南逐步减少的趋势，长江以北的冬闲田数量多于长江以南。其中，江汉平原、湖北东南部丘陵地区、巢湖平原西北部、洞庭湖平原西部等为冬闲田比较集中的区域。湖北省、湖南省的冬闲田面积最多，占研究区内冬闲田面积的 48.72%。研究区内各省（市）冬闲田面积如表 5-8 所示。

表 5-8　研究区分省(市)冬闲田面积统计

省(市)	冬闲田面积(km²)	百分比(%)
上海	1194.65	2.18
江苏	6151.09	11.24
浙江	4362.67	7.97
安徽	8182.75	14.95
江西	8167.30	14.92
湖北	17146.03	31.32
湖南	9524.22	17.40

闲置时间在 100～120 天的冬闲田占 20.9%,主要分布在湖北东南部、湖南东北部以及江西鄱阳湖南部;121～150 天的占 26.5%,主要集中在洞庭湖平原的西南部;151～180 天的占28.6%,主要集中在安徽西中部、江苏南部、上海和浙江东南部;181～210 天的占 19.8%,主要集中在江苏中部、江汉平原;210 天以上的占 4.2%,主要集中在江汉平原和安徽中部。

劳动力投入已成为导致冬闲田增加且闲置时间延长的重要因素。加强冬闲田的有效开发利用,不仅可以为保障我国粮食安全作出贡献,并且,在不影响我国粮食安全的前提下,可以利用冬闲田种植冬油菜,为我国生物柴油的发展提供原料支持。为了提高冬闲田利用率可以将工作重点集中在以下方面:加强农业基础设施建设、发展规模种植、推动土地的合理有效流转、出台相应惠农政策、加大科研投入、推广高效种植模式等。

2)精度验证

为了对提取的冬闲田分布精度进行验证,本研究选取了部分样点,使用高分辨率遥感数据对结果进行验证。样点的选取原则是在有 2010 年冬季高分辨率影像的前提下,在研究区内尽量均匀分布。研究区内共选取了 46 个样点,由于受 2010 年冬季高分辨率遥感影像的限制,研究区中部样点相对较少,东部较多。

46 个验证点中,有 4 个点为非耕地,剔除非耕地的样点,共 42 个有效验证点。其中,动态阈值法提取结果正确的点为 31 个,精度为 73.8%;斜率最大值法提取结果正确的点为 29 个,精度为 69.0%。从整体情况来看,动态阈值法的精度略高于斜率最大值法。

造成误差的主要来源包括遥感影像数据本身的误差、混合像元带来的误差等。

(1)遥感影像数据本身的误差

遥感影像数据的精度受遥感技术自身的发展水平影响,在长江中下游地区,其东南部受海洋性季风季候影响,大气和云层的频繁活动导致部分地区的数据波动明显。尽管对数据进行重构,消除了部分误差,但在现有技术下很难还原到真实状况,从而给作物关键物候期的提取带来误差,影响冬闲田提取的精度。

(2)混合像元带来的误差

本研究使用的数据空间分辨率为 500 m,由于很多耕地并非连续,并且形状不规则,因此研究中所涉的很多像元为混合像元。混合像元不仅包含耕地作物的光谱信息,还包含其他如裸地、建筑、水体等的非作物光谱信息,从而对结果的判断造成一定的影响。图 5-36a、b(见书后彩插)为耕地与建筑物、水体等的混合像元,光谱信息未能正确反映作物的生长情况。图5-36c 为冬闲田与越冬作物的混合像元,光谱信息反映的为越冬作物的生长情况。

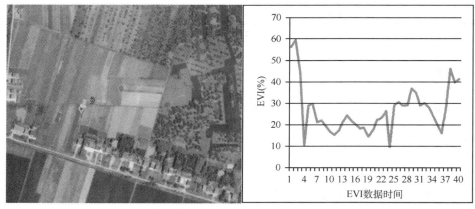

(a) 混合像元——耕地、林地与建筑用地

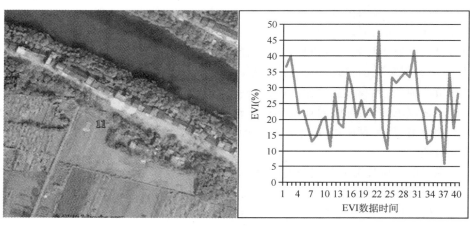

(b) 混合像元——耕地、建筑用地与水体

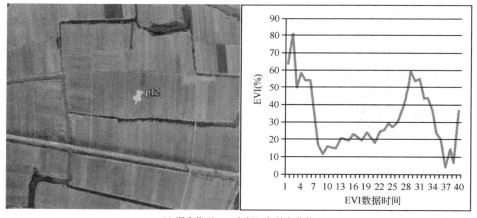

(c) 混合像元——冬闲田与越冬作物

图 5-36　混合像元

5.2.2　长江中下游地区冬闲田生物能源潜力分析

通过查阅《中国统计年鉴》、中国种植业信息网、《中国农业年鉴》、研究区内各省(市)统计年鉴等,获取研究区内 2000—2011 年各地区的油菜籽产量,本节使用多年产量的平均值作为

估算油菜籽产量的依据,即:油菜籽产量＝冬闲田面积×单产平均值(2000—2011 年)。

利用油菜籽产量和油菜籽转换生物柴油的转换率来估算生物柴油的潜力,根据 Ma 等计算江苏省生物柴油产量的方法,油菜籽转换生物柴油的转换率为 0.16,油菜秸秆转换生物柴油的转换率为 0.08[209],即:生物柴油量＝油菜籽产量×(0.16＋0.08)。

使用动态阈值法提取的冬闲田面积为 54725.88 km²,占研究区内耕地的 35.73%,冬闲田分布情况如图 5-37(见书后彩插)所示。

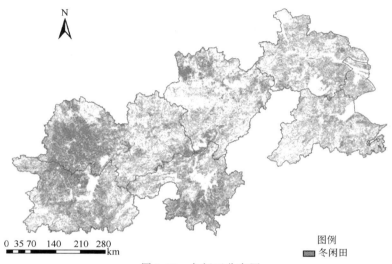

图 5-37　冬闲田分布图

结合冬闲田面积和各地区多年油菜籽的单产,计算研究区内的油菜籽产量为 1.07×10⁷ t,分布情况如图 5-38(见书后彩插)所示。

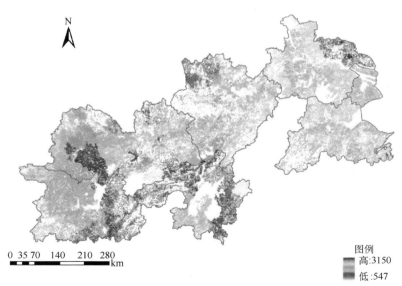

图 5-38　研究区内油菜籽产量分布

估算生物柴油的产量为 2.56×10⁶ t,分布情况如图 5-39(见书后彩插)所示。

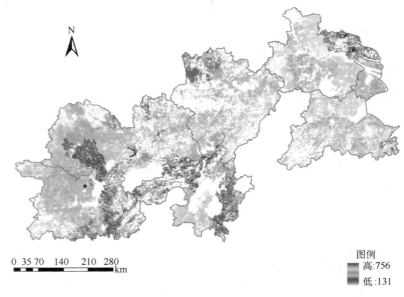

图例
高:756
低:131

图 5-39　研究区内生物柴油产量分布

研究区分省(市)冬闲田面积、油菜籽产量、生物柴油产量如表 5-9 所示。

表 5-9　研究区分省计算结果

省市	面积(km²)	油菜产量(10⁴ t)	折合生物柴油(10⁴ t)
上海	1194.65	25.69	6.16
江苏	6150.76	153.89	36.93
浙江	4362.30	94.99	22.80
安徽	8181.80	159.67	38.32
江西	8166.83	98.68	23.68
湖北	17145.58	364.64	87.51
湖南	9523.96	171.20	41.09
总计	54725.88	1068.76	256.49

尽管许多木本油料都可以加工为生物柴油,但规模有限。大豆、花生等草本油料作物也可以作为生物柴油的原料,但它们与我国的主要粮食作物如水稻、玉米等存在争地关系。油菜作为生物柴油的原料,具有以下优势:①适应范围广,发展潜力大,我国长江流域、黄淮地区、西北和东北地区都适宜于油菜生长;②化学组成与柴油相近,是生物柴油的理想原料;③可较好地协调我国粮食安全与能源安全的矛盾,长江流域和黄淮地区的油菜为冬油菜,仅利用耕地的冬闲季节生长,在品种改良后并不影响水稻(包括双季稻)等主要粮食作物的生产,不与主要粮食作物争地;④培肥地力,增加后茬作物产量,种植油菜后,其后茬作物(如水稻)还可增产 15% 左右;⑤可增加高蛋白饲料资源[210]。和矿物柴油相比,生物柴油尾气中有毒有机物排放量仅为矿物柴油的 10%,颗粒物排放仅为 20%,CO_2 和 CO 排放量仅为 10%。就燃料对整个大气 CO_2 影响的生命循环分析(LCA),生物柴油排放的 CO_2 比矿物柴油要少约 50%。生物柴油燃烧所排放的 CO_2 远低于植物生长过程中所吸收的 CO_2,能降低 CO_2 的排放和温室气体积累[211]。

按照《京都议定书》，欧盟 2008—2012 年间 CO_2 排放要减少 8%，2010 年中国政府承诺，到 2020 年中国单位 GDP 碳排放在 2005 年基础上减排 40%~45%。因此，使用生物能源减少 CO_2 及其他有毒有机物的排放非常有必要。另外，国家能源局《可再生能源发展"十二五"规划》中指出，2015 年我国生物柴油和航空生物燃料年利用量将达到 100 万 t。2007 年国家发展改革委员会公布的《可再生能源中长期发展规划》中指出，2020 年我国生物柴油的年生产能力将达到 200 万 t。利用长江中下游地区冬闲田种植油菜，可作为我国发展生物柴油的重要原料来源。

5.3　我国能源植物发展潜力分析与综合布局

5.3.1　我国主要能源植物生态习性及适宜边际土地资源分布

能源植物包括几种类型：①提供生物乙醇的植物，包括糖类、淀粉和纤维类含量高的植物；②提供生物柴油的植物，特别是非粮油类植物。我国拥有 1554 种油类植物，包括 154 种种子含油量大于 40% 的植物。然而，能够在荒地大规模种植的植物类型很少。根据已有文献资料和野外调查资料，我们选出 5 类能源植物：菊芋、木薯和 3 种油料植物（黄连木、麻疯树和油桐）。这几种植物在国家"十一五"发展规划里都被提及，而且在不少地方已经进行了规模化种植试验。为了保证粮食安全，我国发展能源植物必须遵循以下原则：不与人争粮，不与粮争地。因此必须在非耕地上发展非粮植物，所以本书没有对甜高粱、甜菜、甘蔗等进行讨论。本书着重探讨适宜于这几类能源植物种植的边际土地资源及能源开发潜力。

（1）菊芋

菊芋（*Helianthus tuberous* L）系菊科向日葵属，是已知自然界中多聚果糖（菊粉）含量最高的果糖基能源植物（菊芋块茎中聚果糖含量可占干重的 80% 左右）。菊芋的生态适宜性极强，最适宜在 18~26℃、略呈碱性和水分充足的土壤里生长，然而，它也可以在寒冷条件和盐碱地生长。菊芋的产量约为 45~90 t/hm^2（地下块茎部分）。

菊芋由于其极强的适应能力，对光温水等条件要求较少，适宜于在我国大部分地区种植（图 5-40，见书后彩插）。但在发展能源植物时应首先考虑发展多年生木本能源植物，因此对于我国中部及南部地区应优先发展木本能源植物。对于新疆、内蒙古和东北地区可以重点发展菊芋种植。

（2）木薯

木薯是大戟科（*Euphorbiaceae*）灌木。木薯的块状茎含有丰富的碳水化合物。木薯是粗生、易栽、耐旱、高产作物，主要种植在我国南部的广西、广东、海南等地。2009 年，我国木薯总的种植面积为 41 万 hm^2，总产量为 62 万 t。

木薯由于生长所需温度较高，因此适宜木薯种植的宜能土地资源大多分布在我国南方省区，如福建、江西、广东、广西、云南、海南等省（区），总面积为 147111.3 km^2，仅占全国宜能土地总量的 11%。其中以广西适种面积最大，而且广西具有丰富的木薯资源，木薯种植面积和产量占全国的 60% 以上（图 5-41，见书后彩插）。因此，广西应利用这一优势，大力发展木薯种植产业，同时带动周边省（区）。

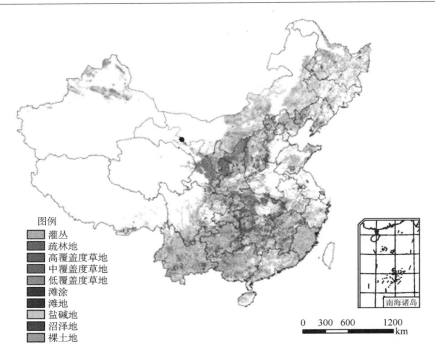

图 5-40　我国适宜菊芋宜能土地空间分布图

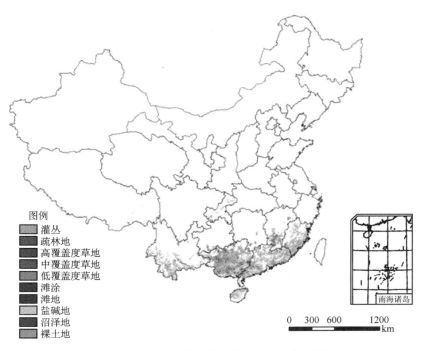

图 5-41　我国适宜木薯宜能土地空间分布图

（3）黄连木

黄连木是一种生长在我国中西部的大型落叶乔木，耐干旱、盐碱、瘠薄，适应性强，部分种类的黄连木甚至可以在－25℃的条件下生存。根据 2002 年全国普查结果，黄连木遍布我国华北、华中、华南 23 个省(区、市),在很多省份有大面积分布,主要生长在海拔 3500 m 以下的山地和丘陵地区。

　　黄连木对水热条件要求不高,因此适宜种植范围较广,适种范围横跨温带、亚热带、热带,除黑龙江、吉林、内蒙古、新疆、青海等省(区)外均可种植(图 5-42,见书后彩插)。适种宜能土地总面积达 910993 km^2,占全国宜能土地总量的 68.3%,以灌丛、疏林地和草地为主,具有较大的发展潜力,但在发展时应优选条件最适宜的地区优先发展,使得各方面效益最优化。

　　(4)麻疯树

　　麻疯树是原产于美洲热带地区的大戟科半常绿树木。在中国,麻疯树主要分布于西南地区,尤其以云南、四川与贵州三省最为集中(图 5-43,见书后彩插)。2008 年年底三省合计种植麻疯树超过 15.0×10^4 hm^2,占中国人工种植麻疯树面积的 95% 以上。麻疯树具有一定的耐旱性。其种子含油率为 27%～40%,可转化为高质量的生物柴油。

　　麻疯树适宜种植范围主要分布在我国南方地区,包括福建、广东、广西、云南、江西、湖南、海南等省区。宜能土地总量为 208755.8 km^2,占全国宜能土地总量的 15.7%,以灌丛、疏林地和草地为主。在开发前要进行环境与经济影响评价,防止因盲目开发麻疯树而对当地环境和畜牧业造成影响。

　　(5)油桐

　　油桐是原产于中国、缅甸和越南北部的大戟科落叶乔木。在中国主要分布于长江流域及其以南地区,包括四川、湖南、湖北和贵州等省。油桐的最适宜环境为温暖湿润气候,酸性到中性土壤。其果仁中含油率为 60%～70%,平均产油量为 450～600 kg/hm^2。

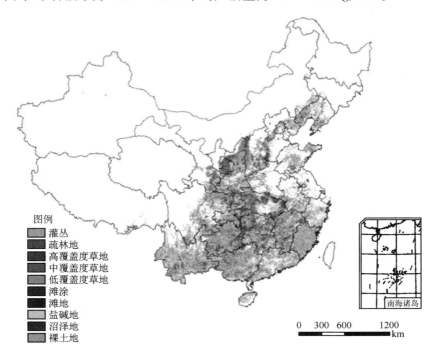

图 5-42　我国适宜黄连木种植的宜能土地资源空间分布图

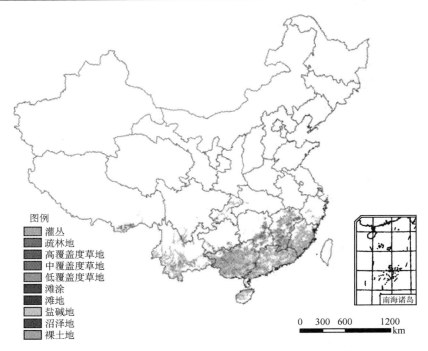

图例
灌丛
疏林地
高覆盖度草地
中覆盖度草地
低覆盖度草地
滩涂
滩地
盐碱地
沼泽地
裸土地

南海诸岛

0　300　600　　　1200
km

图 5-43　我国适宜麻疯树种植的宜能土地资源空间分布图

　　根据油桐对环境的要求确定的适种区域表明,油桐的适种区主要分布在福建、江西、广东、广西,在云南、四川、重庆等地也有零星适宜地块分布(图 5-44,见书后彩插)。我国适宜油桐种植的宜能土地面积相对较少,仅 92086.5 km²,仅占全国宜能土地总面积的 6.9%,以灌丛和疏林地为主。油桐对光温水热条件的要求相对较高,因此发展潜力相对较小。

5.3.2　我国基于能源植物的生物能源开发潜力

　　我国宜能土地资源主要分布在两个区域。一个是广西和西南地区,包括云南、贵州、四川、重庆。该区域的宜能边际土地为 0.387×10^8 hm²,占全国宜能边际土地的 39.1%,而且该区域降水充沛,光照条件好,是我国发展能源植物的重要地区。另一个区域是内蒙古和东北三省,该区域宜能荒地数量较多,而且坡度平缓,土壤质地相对较好。西北地区的陕西和甘肃两省也有较多的宜能边际土地,但是该区域大多是干旱地区,水土流失严重,因此在进行能源植物种植规划时,必须将生态环境安全放在首要地位。

　　根据能源植物的生物特征、环境要求和自然地理条件,在 GIS 的支持下可以确定每种能源植物的最适宜种植区域。在多种植物都适合的区域采用综合处理方法进行区划。区划的结果如图 5-45(见书后彩插)所示。

　　从植物物种角度来看,木薯、麻风树和油桐的适宜种植区主要分布在我国西南和华南地区的亚热带区域。菊芋和黄连木具有极强的生态环境适应能力,如干旱、低温、盐碱化等地区也能种植。它们的适宜种植区分布在我国西北和华北地区。木薯也可在东北低温区、新疆天山一带,以及青藏高原南部的部分地区种植。

　　生物能源开发潜力评价主要依据边际土地的可获得性和主要能源植物产量。大规模发展能源植物还必须充分考虑环境影响。基于这样的考虑,我们去除了边际土地中的灌丛、高覆盖度和中覆盖度草地;为获得更好的生态效益,疏林地不作为草本的菊芋和矮小的灌木木薯的种植区。最终的中国生物液体燃料开发利用潜力分析结果如表 5-10 所示。

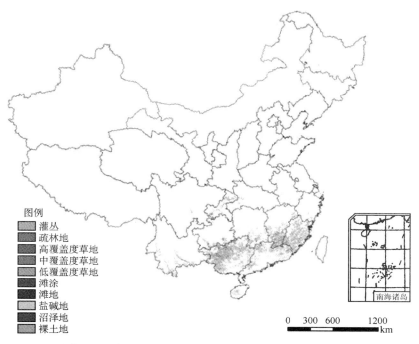

图 5-44　我国适宜油桐种植的宜能土地资源空间分布图

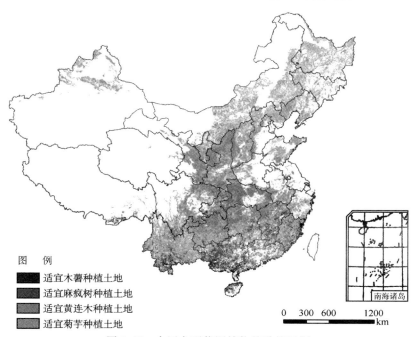

图 5-45　中国主要能源植物的种植区划

表 5-10　中国生物液体燃料开发利用潜力(单位:10^6 hm²)

	疏林地	草地	滩涂	滩地	盐碱地	裸土地	共计
菊芋	40163.7	136348	0	11042	23638.5	5124	422181
黄连木	176435.8	42160	26	9257	1326	201.5	702237.2
麻疯树	28894.75	556	4	724	0	25.5	61644.5
木薯	49653.75	885	69	753	8	82	147111.3

结果表明,我国在近阶段适宜于能源植物大规模种植的边际土地总量约为 0.4375×10^8 hm² (6.5 亿亩),相应的生物液体燃料产出为 1.3385×10^8 t/a。如果边际土地中的 10% 得到开发利用,将形成年产约 0.134 亿 t 生物液体燃料的能力。

在边际土地上发展生物能源具有多方效益,如环节能源危机、减少温室气体排放等。基于合理的定义、新的准确的基础数据和多要素分析方法,本书的主要结论为:

(1)我国宜能边际土地总量为 1.3034×10^8 hm²,其中主要包括林地(灌丛和疏林地,占 50.35%)、草地(45.66%)、盐碱地(1.91%)和滩涂滩地(1.67%)。充分考虑规模化种植的生态效应,以及 5 种主要能源植物的自然习性,近期可进行规模化开发的宜能边际土地为 0.4375×10^8 hm²。

(2)5 种主要能源植物包括菊芋、木薯、黄连木、麻疯树和油桐,在我国多地都进行了试验种植,具有很大的开发利用潜力。基于综合区划,适宜于菊芋、木薯、黄连木、麻疯树的种植区域分别为 17.62×10^6,22.94×10^6,3.02×10^6 和 0.17×10^6 hm²。油桐的种植区域与麻疯树的几乎类似,但是其产量远低于后者。

(3)我国在近阶段基于 0.4375×10^8 hm² 的边际土地,相应的生物液体燃料潜力为 1.3385×10^8 t/a。如果边际土地中的 10% 得到开发利用,将形成年产约 0.134 亿 t 生物液体燃料的能力。因此,国家《可再生能源中长期规划》中到 2020 年年产 0.12 亿 t 生物液体燃料的目标将可以得到实现。

基于边际土地发展能源植物是极具挑战性的事情。为了获得双赢的结果,在后续的研究中,须对能源植物规模化种植的生态、环境和社会经济效益做深入探讨。

参考文献

[1] Dudley B. BP statistical review of world energy. 2012. http://www.bp.com/sectionbodycopy.do? categoryId=7500&contentId=7068481.

[2] 吴伟光, 黄季焜, 邓祥征. 中国生物柴油原料树种麻疯树种植土地潜力分析. 中国科学(D 辑), 2009, **39**(12): 1672-1680.

[3] Antizar-Ladislao B, and Turrion-Gomez J L. Second-generation biofuels and local bioenergy systems. *Biofuels, Bioproducts and Biorefining*, 2008, **2**(5): 455-469.

[4] 田春龙, 郭斌, 刘春朝. 能源植物研究现状和展望. 生物加工过程, 2005, **3**(1): 14-19.

[5] 林长松, 李玉英, 刘吉利, 等. 能源植物资源多样性及其开发应用前景. 河南农业科学, 2007(12): 17-21.

[6] Richard B Alley, Terje Berntsen, Nathaniel L Bindoff, *et al*. IPCC 2007: Summary for policymakers. Climate change, 2007: 1-18.

[7] 万泉. 能源植物的开发和利用. 福建林业科技, 2005, **32**(2): 1-5.

[8] 王涛. 中国主要生物质燃料油木本能源植物资源概况与展望. 科技导报, 2005, **23**(5): 12-14.

[9] 何会流. 能源植物资源及应用潜力概述. 安徽农业科学, 2008, **36**(17): 7382-7383.

[10] Renewable Energy Policy Network for the 21st Century. Renewables 2010 Global Status Report. 2010.

[11] 费世民, 张旭东, 杨灌英, 等. 国内外能源植物资源及其开发利用现状. 四川林业科技, 2005, **26**(3): 20-26.

[12] 林娟, 周选围, 唐克轩, 等. 麻疯树植物资源研究概况. 热带亚热带植物学报, 2004, **12**(3): 285-290.

[13] Openshaw K. A review of Jatropha curcas: An oil plant of unfulfilled promise. *Biomass and Bioenergy*, 2000, **19**(1): 1-15.

[14] Sharma Y, Singh B, and Upadhyay S. Advancements in development and characterization of biodiesel: A review. *Fuel*, 2008, **87**(12): 2355-2373.

[15] Dunn D E, Cole J C, and Smith M W. Position of cut, bud retention and auxins influence rooting of *Pistacia chinensis*. *Scientia horticulturae*, 1996, **67**(1): 105-110.

[16] 符瑜, 潘学标, 高浩. 中国黄连木的地理分布与生境气候特征分析. 中国农业气象, 2009(3): 318-322.

[17] 侯新村, 牟洪香, 杨士春, 等. 木本能源植物黄连木研究进展. 安徽农业科学, 2007, **35**(12): 3524-3525.

[18] 向准, 罗倩, 胡美英, 等. 我国麻疯树地理种源及分布区考证. 林业科技开发, 2009, **23**(6): 13-19.

[19] 于曙明, 孙建昌, 陈波涛. 贵州的麻疯树资源及其开发利用研究. 西部林业科学, 2006, **35**(3): 14-17.

[20] 刘泽铭, 苏光荣, 杨清. 云南省麻疯树资源调查分析. 林业科技开发, 2008, **22**(1): 37-40.

[21] Li Hong-lin, Zhang Zhi-xiang, Lin Shan-zhi, *et al*. Research advances in the study of *Pistacia chinensis Bunge*, a superior tree species for biomass energy. *Forestry Studies in China*, 2007, **9**(2): 164-168.

[22] 戴智明, 郭志锋, 税珺, 等. 麻疯树栽培技术. 广东林业科技, 2009, **25**(1): 93-94.

[23] 赖文安. 麻疯树栽培管理技术. 广西农业科学, 2009, **40**(2): 141-143.

[24] 陈新. 黄连木生物质能源林的培育. 现代农业科技, 2008(24): 19-20.

[25] 杨晓, 王熙龙, 刘金强. 豫西南黄连木高产林培育和低产成林改造. 中国林副特产, 2009(1): 51-53.

[26] 刘伯斌, 卢孟柱, 陈介南, 等. 麻疯树基因转化研究进展. 林业实用技术, 2009(5): 30-32.

[27] Schröder O, Krahl J, Munack A, *et al*. Environmental and health effects caused by the use of biodiesel. SAE Technical Paper, 1999-01-3561, 1999: 1-13.

[28] 朱建良, 张冠杰. 国内外生物柴油研究生产现状及发展趋势. 化工时刊, 2004, **18**(1): 23-27.

[29] Foidl N, Foidl G, Sanchez M, *et al*. *Jatropha curcas* L. as a source for the production of biofuel in Nic-

aragua. *Bioresource Technology*, 1996, **58**(1)：77-82.

[30] Berchmans H J, and Hirata S. Biodiesel production from crude *Jatropha curcas* L. seed oil with a high content of free fatty acids. *Bioresource Technology*, 2008, **99**(6)：1716-1721.

[31] De Oliveira J S, Leite PM, De Souza, *et al*. Characteristics and composition of *Jatropha gossypiifolia* and *Jatropha curcas* L. oils and application for biodiesel production. *Biomass and Bioenergy*, 2009, **33** (3)：449-453.

[32] Basha S D, Francis G, Makkar H P S, *et al*. A comparative study of biochemical traits and molecular markers for assessment of genetic relationships between *Jatropha curcas* L. germplasm from different countries. *Plant Science*, 2009, **176**(6)：812-823.

[33] 牛青萍. 小桐子油代替柴油运转小型柴油机的试验研究. 农业机械学报,1985,**2**:011.

[34] 施德铭,王革华. 柴油机代用燃料——生物柴油的试验研究. 农业工程学报,1991,**7**(2):95-95.

[35] 周慧,鲁厚芳,唐盛伟,等. 麻疯树油制备生物柴油的酯交换工艺研究. 应用化工,2006,**35**(4):284-287.

[36] 郭俊宝,杨光,彭庆涛,等. 麻疯树油制备生物柴油的试验研究. 可再生能源,2008(1):27-29.

[37] 高静,马丽,李伟杰,等. 复合固定化脂肪酶催化麻疯树油生产生物柴油. 化工学报,2009,**60**(3):750-755.

[38] 杨丽,章亚东. 固体碱催化黄连木籽油制备生物柴油. 精细化工,2009,**26**(10):1023-1027.

[39] 侯丽媛,高静. 复合脂肪酶催化黄连木油制备生物柴油. 安徽农业科学,2009,**37**(9):3886-3887.

[40] Su E, You, and Wei D. In situ lipase-catalyzed reactive extraction of oilseeds with short-chained dialkyl carbonates for biodiesel production. *Bioresource Technology*, 2009, **100**(23)：5813-5817.

[41] 曾虹燕,方芳,苏杰龙,等. 麻疯树籽油提取技术. 江苏农业学报,2005,**21**(1):69-70.

[42] 范雪层,黄小玉,邓红,等. 黄连木籽油的超声波辅助提取工艺及油品组成分析. 中国粮油学报,2009,**23** (5):115-119.

[43] 汪爱国,杨海燕,章宇宁,等. 溶剂浸取法提取麻疯果仁油的工艺研究. 中国油脂,2010(2):10-13.

[44] 黄永光,王培苑,周剑丽,等. 微生物发酵制备麻疯树生物柴油的研究. 中国粮油学报,2009,**23**(5):70-73.

[45] 颜培兵,王效华. 生物柴油催化合成技术研究进展. 农业工程学报,2007,**23**(1):286-289.

[46] 蒲志鹏,王卫刚,蒋建新,等. 黄连木生物柴油及其低温流动性能研究. 北京林业大学学报,2009,**31**(1): 56-61.

[47] 聂小安,蒋剑春. 生物质能源转化技术与应用（Ⅴ）——生物柴油产业化制备技术. 生物质化学工程, 2008,**42**(1):58-62.

[48] 王成军,黄少杰. 国外燃料乙醇工业的发展现状及其对我国的启示. 工业技术经济,2006,**24**(5):110-112.

[49] 刘兆普,邓力群,刘玲,等. 利用海水资源直接农业灌溉的研究. 自然资源学报,2003,**18**(4):423-429.

[50] 石建业,任生兰. 菊芋的生态适应性及栽培技术. 现代农业科技,2008(8):33-33.

[51] Zeng-Hui L, and Hong-Bo S. Comments：Main developments and trends of international energy plants. *Renewable and Sustainable Energy Reviews*, 2010, **14**(1)：530-534.

[52] 王耀钰,谢发明,陈宏高. 广西发展木薯产业研究. 企业科技与发展,2008(5):12-14.

[53] 赵凯,蒋盛军,但忠,等. 350 个木薯品种资源的块根淀粉磷含量测定. 安徽农业科学,2010,**38**(14): 7504-7505.

[54] 孙传伯,李永丽,李云,等. 云南省马铃薯产燃料乙醇的可行性研究. 安徽农业科学,2009,**37**(1):310-311.

[55] 邱晓娜. 中国能源甘蔗—燃料乙醇产业的发展研究. 福建农林大学学位论文,2006.

[56] 董平,邵伟. 国外纤维素燃料乙醇研究动态. 现代化工,2009,**28**(10):84-86.

[57] 路明. 巴西甘蔗作物的燃料酒精转化和对我国发展燃料酒精的启示. 作物杂志,2005(5):1-4.

[58] Qiu Huanguang, Jikun Huang, Jun Yang, *et al*. Bioethanol development in China and the potential impacts on its agricultural economy. *Applied Energy*, 2010, **87**(1)：76-83.

[59] Fargione J, Jason H, Tilman D, *et al*. Land clearing and the biofuel carbon debt. *Science*, 2008, **319**

(5867)：1235-1238.

[60] Searchinger T，Heimlich R，Houghton R A，*et al*. Use of US croplands for biofuels increases green-house gases through emissions from land-use change. *Science*，2008，**319**(5867)：1238-1240.

[61] Hill J，Nelson E，Tilman D，*et al*. Environmental，economic，and energetic costs and benefits of biodie-sel and ethanol biofuels. *Proceedings of the National Academy of Sciences*，2006，**103**（30）：11206-11210.

[62] Schmer M R，Vogel K P，Mitchell R B，*et al*. Net energy of cellulosic ethanol from switchgrass. *Pro-ceedings of the National Academy of Sciences*，2008，**105**(2)：464-469.

[63] Adler P R，Grosso S J D，and Parton W J. Life-cycle assessment of net greenhouse-gas flux for bioener-gy cropping systems. *Ecological Applications*，2007，**17**(3)：675-691.

[64] Farrell A E，Plevin R J，Turner B T，*et al*. Ethanol can contribute to energy and environmental goals. *Science*，2006，**311**(5760)：506-508.

[65] Pimentel D，Lal R. News Letter：Biofuels and the Environment. *Science*，17th August 2007.

[66] Kartha S. Environmental effects of bioenergy. Bioenergy and Agriculture：Promises and Challenges. Washington DC：International Food Policy Research Institute（IFPRI），2006.

[67] 秦建文，王耀钰，叶洪强.广西木薯燃料酒精产业发展研究.广西大学学报：哲学社会科学版，2008，**30**(5)：15-18.

[68] Marten G G. Land use issues in biomass energy planning. *Resources Policy*，1982，**8**(1)：65-74.

[69] Sudha，and Ravindranath N. Land availability and biomass production potential in India. *Biomass and Bioenergy*，1999，**16**(3)：207-221.

[70] Kumar A，and Sharma S. An evaluation of multipurpose oil seed crop for industrial uses（*Jatropha cur-cas* L.）：A review. *Industrial crops and products*，2008，**28**(1)：1-10.

[71] Junfeng L，and Runqing H. Sustainable biomass production for energy in China. *Biomass and Bioener-gy*，2003，**25**(5)：483-499.

[72] Elauria J，Castro M，and Racelis D. Sustainable biomass production for energy in the Philippines. *Bio-mass and Bioenergy*，2003，**25**(5)：531-540.

[73] Bryan B A，Ward J，and Hobbs T. An assessment of the economic and environmental potential of bio-mass production in an agricultural region. *Land Use Policy*，2008，**25**(4)：533-549.

[74] Bryan B A，King D，and Wang E. Potential of woody biomass production for motivating widespread nat-ural resource management under climate change. *Land Use Policy*，2010，**27**(3)：713-725.

[75] Haughton A J，Bond A J，Lovett A A，*et al*. A novel，integrated approach to assessing social，economic and environmental implications of changing rural land-use：A case study of perennial biomass crops. *Journal of Applied Ecology*，2009，**46**(2)：315-322.

[76] Lovett A A，Sünnenberg G M，Richter G M，*et al*. Land use implications of increased biomass produc-tion identified by GIS-based suitability and yield mapping for Miscanthus in England. *Bioenergy Re-search*，2009，**2**(1)：17-28.

[77] Sasaki N，g Knorr W，Foster，D R，*et al*. Woody biomass and bioenergy potentials in Southeast Asia be-tween 1990 and 2020. *Applied Energy*，2009，**86**：S140-S150.

[78] COMPETE，http：//www. compete-bioafrica. net. 2009.

[79] Lal R. Land area for establishing biofuel plantations. *Energy for Sustainable Development*，2006，**10**(2)：67-79.

[80] 赵宗保，华艳艳，刘波.中国如何突破生物柴油产业的原料瓶颈.中国生物工程杂志，2005，**25**(11)：1-6.

[81] 陈松林.基于 GIS 的荒地资源适宜性评价.福建地理，2001，**16**(1)：35-37.

[82] 吴刚,高林.三峡库区边际土地的合理开发及其可持续发展.环境科学,1998,**19**(1):89-93.

[83] 陈东明.三峡库区边际土地开发利用的战略思考.科技进步与对策,2001,**18**(12):81-83.

[84] 蒋猛,李小昱,李洪军,等.三峡库区生物柴油植物资源可持续发展评价体系.农业工程学报,2008,**24**(10):200-204.

[85] 寇建平,毕于运,赵立欣,等.中国宜能荒地资源调查与评价.可再生能源,2009,**26**(6):3-9.

[86] 辛欣.未来全球能源的新亮点——生物质能.国际资料信息,2006(12):9-11.

[87] 严良政,张琳,王士强,等.中国能源作物生产生物乙醇的潜力及分布特点.农业工程学报,2008,**24**(5):213-216.

[88] Li Lu, Ya Tang, Jia-sui Xie, *et al*. The role of marginal agricultural land-based mulberry planting in biomass energy production. *Renewable Energy*, 2009, **34**(7): 1789-1794.

[89] Tang Y, Xie J S, Geng S. Marginal Land-based Biomass Energy Production in China. *Journal of Integrative Plant Biology*, 2010, **52**(1): 112-121.

[90] 张希良,郭庆方,常世彦,等.我国发展生物液体燃料的资源与技术潜力分析.中国能源,2009,**31**(3):10-12.

[91] 王芳,黎夏.农作物生物质能的遥感估算——以广东省为例.自然资源学报,2007,**22**(6):870-878.

[92] 王芳,卓莉,陈健飞,等.宜能边际土地开发潜力熵权模糊综合评价.自然资源学报,2009,**24**(9):1520-1531.

[93] 魏云洁,甄霖,邓祥征,等.中国生物能源政策情景对土地利用格局的影响.资源科学,2009(4):552-558.

[94] 刘纪远,刘明亮,庄大方,等.中国近期土地利用变化的空间格局分析.中国科学(D辑),2002,**32**(12):1031-1040.

[95] 童庆禧.我国高光谱遥感的发展.中国测绘报,2008,4(3):1-3

[96] 宋庆瑞,蒋平安.遥感技术导论.北京:科学出版社,2004:332-333.

[97] 李星敏,刘安麟.遥感植被分类方法的概述及发展.陕西气象,2002(3):20-23.

[98] 贾福娟,吴雁林,黄颖,等.环境减灾-1A,1B卫星宽覆盖多光谱CCD相机技术.航天器工程,2009,**18**(6):37-42.

[99] 王兴玲.环境与灾害监测预报小卫星星座应用前景.中国减灾,2007(8):45-45.

[100] 谭炳香,李增元,陈尔学,等 EO-Hyperion 高光谱数据的预处理.遥感信息应用技术,2005(6):36-40.

[101] Yuhas R H, Goetz A F H, and Boardman J W. Discrimination among semi-arid landscape endmembers using the spectral angle mapper (SAM) algorithm. in *Summaries of the Third Annual JPL Airborne Geoscience Worksho*p 1992. Pasadena, CA: JPL Publication.

[102] Arel Weisberg, Michelle Najarian, Brett Borowski, *et al*. Spectral angle automatic cluster routine (SAALT): An unsupervised multispectral clustering algorithm. in *Aerospace Conference, Proceedings*. 1999 IEEE.

[103] 沈璐璐,蔡丽娜.基于非监督分类的遥感信息提取方法尝试.硅谷,2010(14):162-163.

[104] Ball G H, and Hall D J. ISODATA, a novel method of data analysis and pattern classification. DTIC Document, 1965.

[105] 姜灿荣.论广西金钟山国家级自然保护区的保护价值.中南林业调查规划,2009,**27**(4):37-39.

[106] 黄元河,唐绍清,卢贞燕,等.广西金钟山自然保护区主要植被类型的特征.热带亚热带植物学报,2006,**14**(6):499-503

[107] 王晋年,张兵.以地物识别和分类为目标的高光谱数据挖掘.中国图象图形学报(A辑),1999,**4**(11):957-964.

[108] 魏彦昌,吴炳方,张喜旺,等.生物多样性遥感研究进展.地球科学进展,2008,**23**(9):924-931.

[109] Salem F, Kafatos M, Ghazawi T, *et al*. Hyperspectral image assessment of oil-contaminated wetland.

International Journal of Remote Sensing，2005，**26**(4)：811-821.

[110] 郭兴杰,王阳春.HJ-1A 高光谱数据的条带噪声去除方法研究.遥感信息,2011(1):54-58

[111] 刘翔,张兵,高连如,等.一种改进高光谱图像噪声评估的 MNF 变换算法.中国科学(F 辑:信息科学),2009,**12**:1305-1313

[112] 李爽,丁圣彦.决策树分类法及其在土地覆盖分类中的应用.遥感技术与应用,2002.**17**(1):6-11.

[113] 栾丽华,吉根林.决策树分类技术研究.计算机工程,2004,**30**(9):94-96.

[114] 刘旭升,张晓丽.基于 BP 神经网络的森林植被遥感分类研究.林业资源管理,2005,(1):51-54.

[115] 袁金国.森林植被遥感分类研究.河北师范大学学报(自然科学版),1999,**23**(2):274-277.

[116] 竞霞,王锦地,王纪华,等.基于分区和多时相遥感数据的山区植被分类研究.遥感技术与应用,2008,**23**(4):394-397.

[117] Wardlow B D, Egbert S L. Large-area crop mapping using time-series MODIS 250 m NDVI data：An assessment for the US Central Great Plains. *Remote Sensing of Environment*，2008，**112**（3）：1096-1116.

[118] Sulong I, Mohd-Lokman H, Mohd-Tarmizi K, *et al*. Mangrove mapping using Landsat imagery and aerial photographs：Kemaman District, Terengganu, Malaysia. *Environment, Development and Sustainability*，2002，**4**(2)：135-152.

[119] 邓媛媛,巫兆聪,易俐娜,等.面向对象的高分辨率影像农用地分类.国土资源遥感,2010,**4**:117-121.

[120] Baatz M, and Schäpe A. Object-oriented and multi-scale image analysis in semantic networks. in *2nd International Symposium：Operationalization of Remote Sensing*. 1999.

[121] 林川,宫兆宁,赵文吉.基于中分辨率 TM 数据的湿地水生植被提取.生态学报,2010,**30**（23）：6460-6469.

[122] 韩闪闪,李海涛,顾海燕.面向对象的土地利用变化检测方法研究.遥感信息,2009(3):23-29.

[123] 何宇华,史良树,张荣慧,等.中巴资源卫星数据(CBERS-02)在土地调查中的应用.中国土地科学,2007,**21**(2):51-57.

[124] 孙晓霞,张继贤,刘正军.利用面向对象的分类方法从 IKONOS 全色影像中提取河流和道路.测绘科学,2006,**31**(1):62-63.

[125] 曹凯,江南,吕恒,等.面向对象的 SPOT5 影像城区水体信息提取研究.国土资源遥感,2007,**2**:27-30.

[126] 李晓琴,孙丹峰,张凤荣.北京山区植被覆被率遥感制图与景观格局分析——以门头沟区为例.国土资源遥感,2003,**55**(1):23-28.

[127] Gao Y, and Mas J F. A Comparison of the Performance of Pixel Based and Object Based Classifications over Images with Various Spatial Resolutions. *Online journal of earth sciences*，2008，**2**(1)：27-35.

[128] Qian Yu, Peng Gong, Nick Clinton, *et al*. Object-based detailed vegetation classification with airborne high spatial resolution remote sensing imagery. *Photogrammetric Engineering and Remote Sensing*，2006，**72**(7)：799.

[129] 张峰,吴炳方,黄慧萍.泰国水稻种植区耕地信息提取研究.自然资源学报,2003,**18**(6):766-772

[130] Franklin S E, and Wilson B A. Spatial and spectral classification of remote-sensing imagery. *Computers & Geosciences*，1991，**17**(8)：1151-1172.

[131] Haralick R M, and Shapiro L G. Image segmentation techniques. *Computer vision, graphics, and image processing*，1985，**29**(1)：100-132.

[132] 苏簪铀,邱炳文,陈崇成.基于面向对象分类技术的景观信息提取研究.遥感信息,2009(2):42-46.

[133] Benz U C, Hofmann P, Willhauck G, *et al*. Multi-resolution, object-oriented fuzzy analysis of remote sensing data for GIS-ready information. *ISPRS Journal of Photogrammetry and Remote Sensing*，2004，**58**(3)：239-258.

[134] 龚剑明,杨晓梅,张涛,等.基于遥感多特征组合的冰川及其相关地表类型信息提取.地球信息科学, 2009,**11**(6):765-772

[135] 林先成,李永树.面向对象的成都平原高分辨率遥感影像分类研究.西南交通大学学报,2010,**45**(3): 366-372.

[136] 尹作霞,杜培军,陈云浩,等.面向对象的高光谱影像目标识别方法.测绘科学,2009,**34**(2):130-132.

[137] 郭琳,裴志远,吴全.面向对象的土地利用_植被遥感分类方法与流程应用.农业工程学报,2010,**26**(7): 194-198.

[138] 李芳芳,贾永红.一种基于 TM 影像的湿地信息提取方法及其变化检测.测绘科学,2008,**33**(2): 147-149.

[139] 黄洪峰.土壤-植物-大气相互作用原理及模拟研究.北京:气象出版社,1997.

[140] Food and Agriculture Organization of the United Nations. Agro-Ecological Zoning Guidelines. *Bernan Assoc.*, 1996,1-78

[141] Zhuang D, *et al*. Assessment of bioenergy potential on marginal land in China. *Renewable and Sustainable Energy Reviews*, 2011, **15**(2): 1050-1056.

[142] 张彩霞.我国生物乙醇的资源潜力及影响评价.中国科学院研究生院博士学位论文,2010.

[143] 石玉林,康庆禹,赵存兴.中国宜农荒地资源.北京:科学技术出版社,1985.

[144] 侯新村,左海涛,牟洪香.能源植物黄连木在我国的地理分布规律.生态环境学报,2010,**19**(5): 1160-1164.

[145] 秦飞,郭同斌,刘忠刚,等.中国黄连木研究综述.经济林研究,2008,**25**(4):90-96.

[146] 牛正田,李涛,菅根柱,等.黄连木资源概况,栽培技术及综合利用前景.经济林研究,2006,**23**(3):68-71.

[147] Onay O. Fast and catalytic pyrolysis of pistacia khinjuk seed in a well-swept fixed bed reactor. *Fuel*, 2007, **86**(10): 1452-1460.

[148] De Vries S C, van de Ven, Gerrie W J, *et al*. Resource use efficiency and environmental performance of nine major biofuel crops, processed by first-generation conversion techniques. *Biomass and Bioenergy*, 2010, **34**(5): 588-601.

[149] Shah S, and Gupta M N. Lipase catalyzed preparation of biodiesel from Jatropha oil in a solvent free system. *Process Biochemistry*, 2007, **42**(3): 409-414.

[150] Achtena W M J, Verchotb L, Franken Y J, *et al*. Jatropha bio-diesel production and use. *Biomass and Bioenergy*, 2008, **32**(12): 1063-1084.

[151] Om Tapanes Nc, Aranda Da, Carneiro J W, *et al*. Transesterification of *Jatropha curcas* oil glycerides: Theoretical and experimental studies of biodiesel reaction. *Fuel*, 2008, **87**(10): 2286-2295.

[152] 定光平,刘成武,黄利民.惠农政策下丘陵山区农地边际化的理论分析与实证——以湖北省通城县为例.地理研究,2009(1):109-117.

[153] 李广会.黄连木的种质资源与开发利用.天津农业科学,2009,**15**(6):68-70.

[154] 裴会明,张瑛春,张建华,等.甘肃南部生物质能源树种资源调查及开发利用.甘肃林业科技,2008,**32** (4):68-70.

[155] 吴志庄,鲜宏利,尚忠海,等.黄连木天然群体果实含油率的地理变异.林业科学,2009,**45**(5):69-73.

[156] 王涛.生态能源林未来生物质燃料油原料基地.绿色中国,2007,**5**:30-33.

[157] 刘磊.中国西南五省区生物液体燃料开发潜力及影响研究.中国科学院地理科学与资源研究所博士学位论文,2011.

[158] 李爽.洪河自然保护区湿地植被地上生物量遥感估算研究.首都师范大学硕士学位论文,2009.

[159] 曹玉昆,吕田,陈宁静.天然林保护工程政策对中国现行林业政策的影响分析.林业经济问题,2012,**31** (5):377-382.

[160] 何书金,王秀红,邓祥征,等.中国西部典型地区土地利用变化对比分析.地理研究,2006,25(1):79-86.

[161] 张艳丽,高新星,王爱华,等.我国生物质燃料乙醇示范工程的全生命周期评价.可再生能源,2009,27(6):63-68.

[162] 张治山,袁希钢.玉米燃料乙醇生命周期净能量分析.环境科学,2006,27(3):437-441.

[163] Fiorese G, and Guariso G. A GIS-based approach to evaluate biomass potential from energy crops at regional scale. *Environmental Modelling & Software*, 2010, 25(6): 702-711.

[164] Ou Xunmin, Zhang Xiliang, Chang Shiyan, *et al*. Energy consumption and GHG emissions of six biofuel pathways by LCA in (the) People's Republic of China. *Applied Energy*, 2009, 86: S197-S208.

[165] Leng Rubo, Wang Chengtao, Zhang Cheng, *et al*. Life cycle inventory and energy analysis of cassava-based Fuel ethanol in China. *Journal of Cleaner Production*, 2008, 16(3): 374-384.

[166] Wang M, Wu Y, and Elgowainy A. Operating manual for GREET: version 1.7. Center for Transportation Research, Energy Systems Division, Argonne National Laboratory, Iowa, 2007: 119.

[167] 邢爱华,马捷,张英皓,等.生物柴油全生命周期资源和能源消耗分析.过程工程学报,2010,10(2):314-319.

[168] Srinivasan S. The food v. fuel debate: A nuanced view of incentive structures. *Renewable Energy*, 2009, 34(4): 950-954.

[169] Rebitzera G, Ekvallb T, Frischknechtc R, *et al*. Life cycle assessment: Part 1: Framework, goal and scope definition, inventory analysis, and applications. *Environment international*, 2004, 30(5): 701-720.

[170] Dai Du, Hu Zhiyuan, Pu Gengqiang, *et al*. Energy efficiency and potentials of cassava fuel ethanol in Guangxi region of China. *Energy Conversion and Management*, 2006, 47(13): 1686-1699.

[171] Nguyen T L T, Gheewala S H, Garivait S. Energy balance and GHG-abatement cost of cassava utilization for fuel ethanol in Thailand. *Energy Policy*, 2007, 35(9): 4585-4596.

[172] Sobrino F H, Monroy C R, and Pérez J L H. Biofuels and fossil fuels: Life Cycle Analysis (LCA) optimisation through productive resources maximisation. *Renewable and Sustainable Energy Reviews*, 2011, 15(6): 2621-2628.

[173] Razon L F, and Tan R R. Net energy analysis of the production of biodiesel and biogas from the microalgae: Haematococcus pluvialis and Nannochloropsis. *Applied Energy*, 2011, 88(10): 3507-3514.

[174] 刘光斌,黄长干,刘苑秋,等.黄连木油的提取及其制备生物柴油的研究.中国粮油学报,2009(7):84-88.

[175] 李宜海,谢晓航,熊彬.黄连木油制备生物柴油的中试研究.可再生能源,2010(4):54-57.

[176] 王赞信,卢英.麻疯树种子油生命周期的经济,环境与能量效率.长江流域资源与环境,2011,20(1):61-67.

[177] Kim S, and Dale B E. Allocation procedure in ethanol production system from corn grain I. system expansion. *The International Journal of Life Cycle Assessment*, 2002, 7(4): 237-243.

[178] Sakamoto T, Cao V P, Aikihiko K, *et al*. Analysis of rapid expansion of inland aquaculture and triple rice-cropping areas in a coastal area of the Vietnamese Mekong Delta using MODIS time-series imagery. *Landscape and Urban Planning*, 2009, 92(1): 34-46.

[179] Sun J, and Yue Y. Rural environmental quality changes and its influencing factors in lower-and-middle reaches of the Yangtze River. *Resources and Environment in the Yangtze Basin*, 2012, 21(3): 355-360.

[180] SP C. Dictionary of Remote Sensing. BeiJing: Science Press, 1990.

[181] Huete A, Didana K, Miura T, *et al*. Overview of the radiometric and biophysical performance of the MODIS vegetation indices. *Remote sensing of environment*, 2002, 83(1): 195-213.

[182] Wang Z X, Liu C, and Huete A. From AVHRR-NDVI to MODIS-EVI: advances in vegetation index research. *Acta ecologica sinica*, 2003, **23**(5): 979-987.

[183] Liu H Q, and Huete A. A feedback based modification of the NDVI to minimize canopy background and atmospheric noise. *IEEE Transactions on Geoscience and Remote Sensing*, 1995, **33**(2): 457-465.

[184] Liu Lijuan, Pang Yong, Fan Wenyi, et al. Monitoring forest growth disturbance using time series MODIS EVI data. *Scientia Silvae Sinicae*, 2012, **48**(2): 54-62.

[185] Zhao Ye Q, and Sun J. Comparative analysis of vegetation coverage along the Yangtze River in Anhui Province based on MODIS/NDVI and EVI. *Resources and Environment in the Yangtze Basin*, 2012, **21** (3): 361-368.

[186] Cui K M J, Zuo T Y. Monitoring of crop phenology with remote sensing. *Journal of Anhui Agri*, 2012, **40**(10): 6279-6281,6321.

[187] Heumann B W, Seaquist J W, Eklundh L, et al. AVHRR derived phenological change in the Sahel and Soudan, Africa, 1982—2005. *Remote Sensing of Environment*, 2007, **108**(4): 385-392.

[188] Yu X, and Zhuang D. Monitoring forest phenophases of Northeast China based on MODIS/NDVI data. *Resources Science*, 2006, **28**(4): 111-117.

[189] Clerici N, Weissteiner C J, and Gerard F. Exploring the use of MODIS NDVI-based phenology indicators for classifying forest general habitat categories. *Remote Sensing*, 2012, **4**(6): 1781-1803.

[190] White M A, and Nemani R R. Real-time monitoring and short-term forecasting of land surface phenology. *Remote Sensing of Environment*, 2006, **104**(1): 43-49.

[191] Delbart N, Toan T L, Kergoat L, et al. Remote sensing of spring phenology in boreal regions: A free of snow-effect method using NOAA-AVHRR and SPOT-VGT data (1982—2004). *Remote Sensing of Environment*, 2006, **101**(1): 52-62.

[192] Roerink G J, Menenti M, Su Z, et al. Assessment of climate impact on vegetation dynamics by using remote sensing. *Physics and Chemistry of the Earth*, *Parts A/B/C*, 2003, **28**(1): 103-109.

[193] Zhang X, Sun R, Zhang B, et al. Land cover classification of the North China Plain using MODIS_EVI time series. *ISPRS Journal of Photogrammetry and Remote Sensing*, 2008, **63**(4): 476-484.

[194] Zuo Li-jun, Wang Xiao, Liu Fang, et al. Multiple cropping index of Northern China based on MODIS/EVI. *Transactions of the Chinese Society of Agricultural Engineering*, 2009, **25**(8): 141-146.

[195] 张福春. 物候学. 北京: 气象出版社, 1985.

[196] Xu Y, Zhang J, and Yang L. Detecting major phenological stages of rice using MODIS-EVI data and Symlet 11 wavelet in Northeast China. *Acta Ecologica Sinica*, 2012, **32**(7): 2091-2098.

[197] Schwartz M D. Green-wave phenology. *Nature*, 1998, **394**(6696): 839-840.

[198] Walker J, de Beurs K M, Wynne R H, et al. Evaluation of Landsat and MODIS data fusion products for analysis of dryland forest phenology. *Remote Sensing of Environment*, 2012, **117**: 381-393.

[199] Changguang Wu, Zhixiang Zhou, Wenfa Xiao, et al. Dynamic monitoring of vegetation coverage in three gorges reservoir area based on MODIS NDVI. *Scientia Silvae Sinicae*, 2012, **1**: 7.

[200] Zhou X F, and Lu Y. Evaluation on cultivated land use efficiency in Zuojiang River Basin based on MODIS EVI. *Research of Soil and Water Conservation*, 2010, **3**: 17.

[201] Nagai S, Saitoh T M, Kobayashi H, et al. In situ examination of the relationship between various vegetation indices and canopy phenology in an evergreen coniferous forest, Japan. *International Journal of Remote Sensing*, 2012, **33**(19): 6202-6214.

[202] Sesnie S E, Dickson B G, Rosenstock S S, et al. A comparison of Landsat TM and MODIS vegetation indices for estimating forage phenology in desert bighorn sheep (Ovis canadensis nelsoni) habitat in the

Sonoran Desert, USA. *International Journal of Remote Sensing*, 2012, **33**(1): 276-286.

[203] Bilal Butt, Matthew D Turner, *et al*. Use of MODIS NDVI to evaluate changing latitudinal gradients of rangeland phenology in Sudano-Sahelian West Africa. *Remote Sensing of Environment*, 2011, **115**(12): 3367-3376.

[204] Hudson Dunn A, and de Beurs K M. Land surface phenology of North American mountain environments using moderate resolution imaging spectroradiometer data. *Remote Sensing of Environment*, 2011, **115**(5): 1220-1233.

[205] 黎治华. 基于 MODIS 反演重构时间序列数据的长江三角洲地区生态环境演变研究. 华东师范大学学位论文, 2011.

[206] 范锦龙. 复种指数遥感监测方法研究. 中国科学院遥感应用研究所学位论文, 2003.

[207] 徐岩岩, 张佳华, YANG Limin. 基于 MODIS-EVI 数据和 Symlet11 小波识别东北地区水稻主要物候期, 生态学报, 2012, **32**(7): 2091-2098.

[208] 高志强, 刘纪远, 庄大方. 基于遥感和 GIS 的中国土地利用/土地覆盖的现状研究. 遥感学报, 1999, **2**: 78-82.

[209] Ma Z Q, Zhu Y Y, and Hong T. Analysis of the Present Condition and Recommendations on Biomass Energy Industry Development in Jiangsu Province. *China Soft Science*, 2008, **10**: 8.

[210] Wang D, Yang C, and Qiao M. Progress on biodiesel development and utilization. *Chem Res*, 2009, **20**(3): 108.

[211] 梁学正. 生物柴油的绿色合成. 华东师范大学学位论文, 2009.

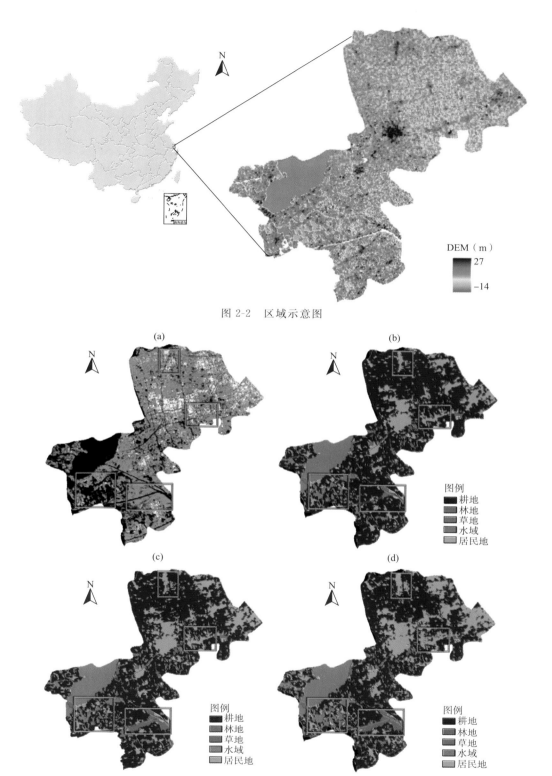

图 2-2　区域示意图

DEM（m）
27
−14

图例
耕地
林地
草地
水域
居民地

图 2-3　上海市青浦区土地利用分类数据比较图（a）遥感影像；（b）2005 年人工解译土地利用；
（c）2008 年人工解译土地利用；（d）基于规则的土地利用自动分类结果

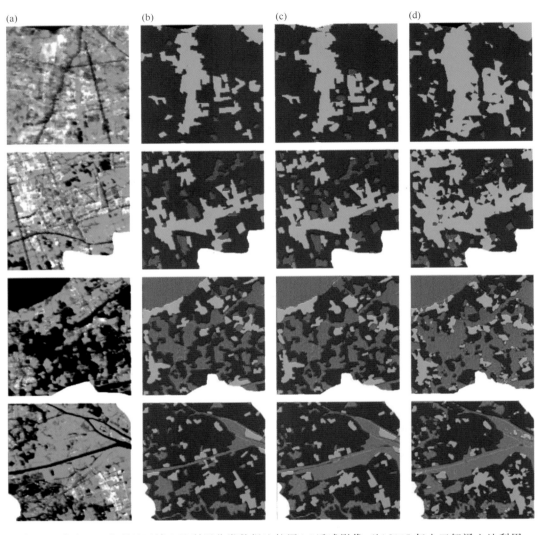

图 2-4　试验区 4 个明显区域土地利用分类数据比较图(a)遥感影像;(b)2005 年人工解译土地利用;
(c)2008 年人工解译土地利用;(d)基于规则的土地利用自动分类结果

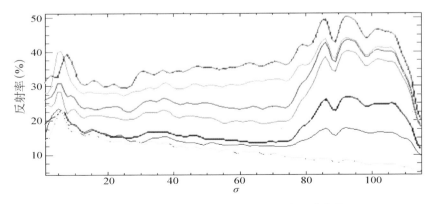

图 2-6　ENVI 中提取典型地物平均样本光谱曲线

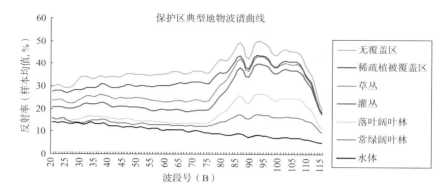

图 2-7　保护区内典型地物波谱曲线

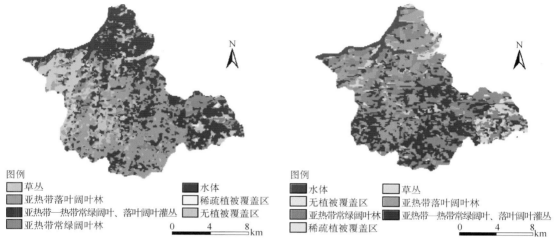

图 2-9　基于 ISODATA 的非监督分类法分类结果图　　　图 2-10　基于决策树算法的分类结果图

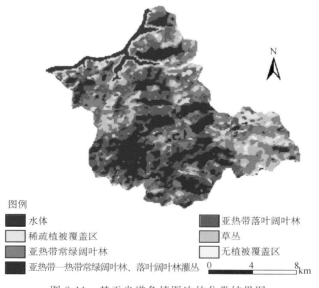

图 2-11　基于光谱角填图法的分类结果图

图 2-12 研究区部分假彩色合成影像（HJ-1 CCD 数据）

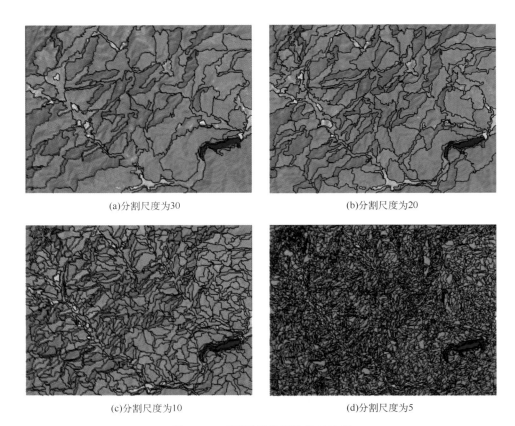

(a)分割尺度为30　　　　　　　　　　　　　　　(b)分割尺度为20

(c)分割尺度为10　　　　　　　　　　　　　　　(d)分割尺度为5

图 2-14 不同尺度分割效果对比图

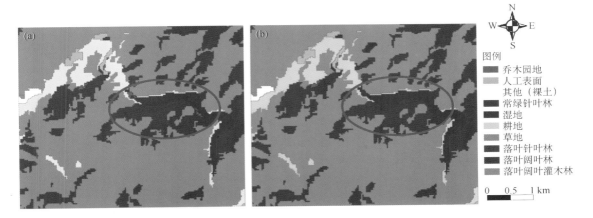

图 2-15 第 3 层第一次(a)及修改后(b)提取的乔木园地

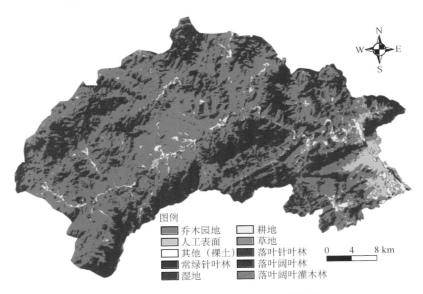

图 2-17 门头沟区面向对象方法分类结果

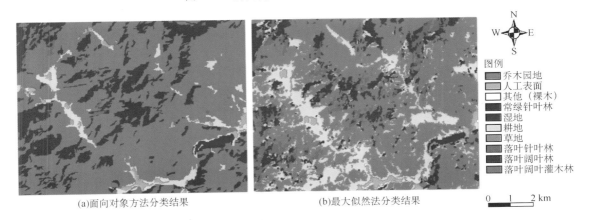

(a)面向对象方法分类结果　　　　　(b)最大似然法分类结果

图 2-18 不同分类方法所得分类结果的比较

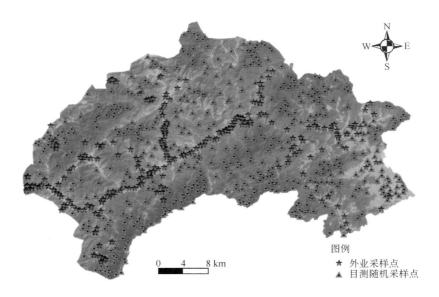

图 2-19　采样点与遥感影像叠加图

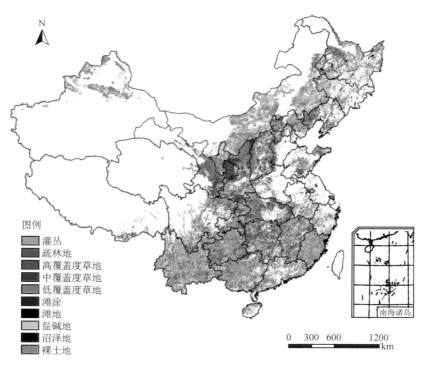

图例
　灌丛
　疏林地
　高覆盖度草地
　中覆盖度草地
　低覆盖度草地
　滩涂
　滩地
　盐碱地
　沼泽地
　裸土地

图 3-3　我国潜在适宜生物能源作物发展的土地资源空间分布图

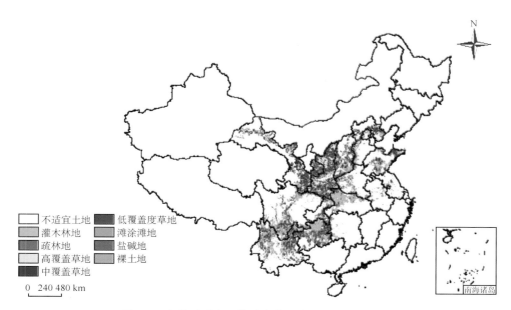

图 3-5　各类型适宜和较适宜黄连木生长的面积分布

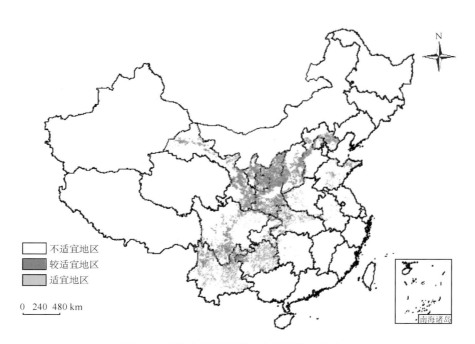

图 3-6　黄连木宜能边际土地适宜性空间分布

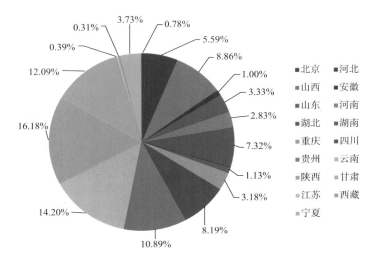

图 3-8　各省(区、市)多因子土地适宜性评价后面积百分比

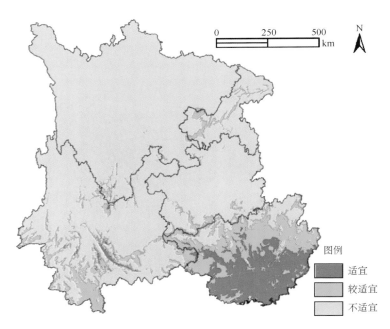

图 3-10　西南五省(区、市)基于多因子综合分析的麻疯树土地适宜性空间分布

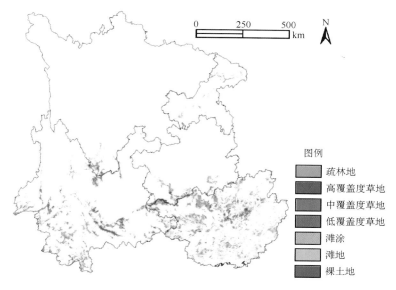

图例

▨ 疏林地
▨ 高覆盖度草地
▨ 中覆盖度草地
▨ 低覆盖度草地
▨ 滩涂
▨ 滩地
▨ 裸土地

图 3-11 适宜与较适宜麻疯树种植的土地类型空间分布

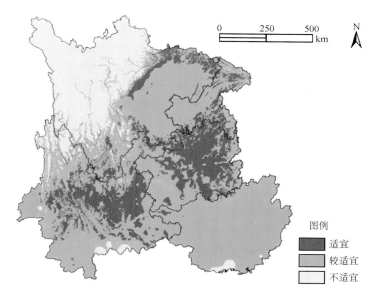

图例

■ 适宜
▨ 较适宜
□ 不适宜

图 3-12 西南五省(区、市)基于多因子综合分析的黄连木土地适宜性空间分布

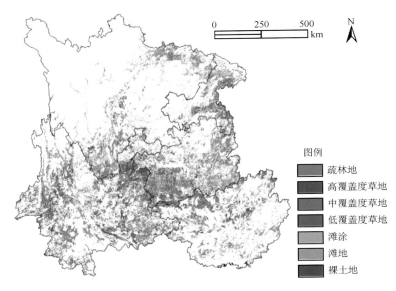

图 3-13　西南五省(区、市)适宜与较适宜黄连木种植的土地类型空间分布

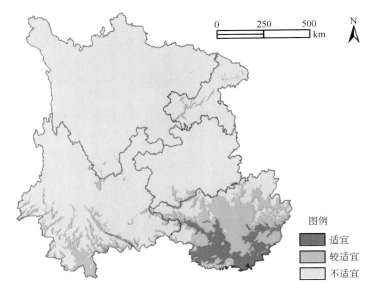

图 3-14　西南五省(区、市)基于多因子综合分析的木薯土地适宜性空间分布

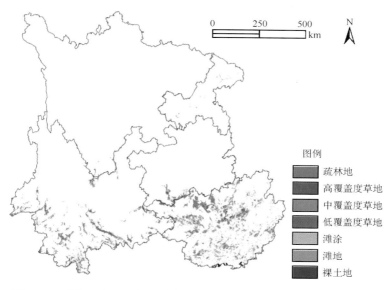

图例

疏林地
高覆盖度草地
中覆盖度草地
低覆盖度草地
滩涂
滩地
裸土地

图 3-15　西南五省（区、市）适宜与较适宜木薯种植的土地类型空间分布

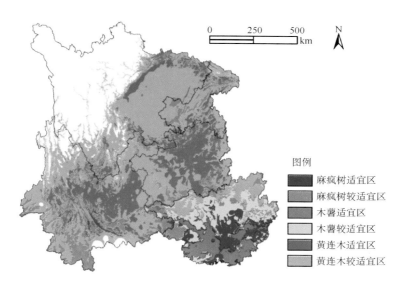

图例

麻疯树适宜区
麻疯树较适宜区
木薯适宜区
木薯较适宜区
黄连木适宜区
黄连木较适宜区

图 5-2　我国西南五省（区、市）生物液体燃料作物种植模式

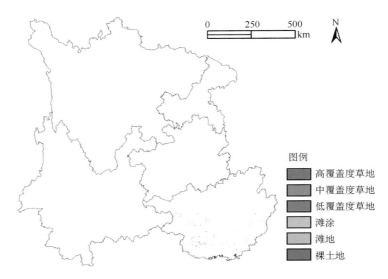

图例

高覆盖度草地

中覆盖度草地

低覆盖度草地

滩涂

滩地

裸土地

图 5-3　优化后西南五省(区、市)适宜于木薯种植的土地类型空间分布

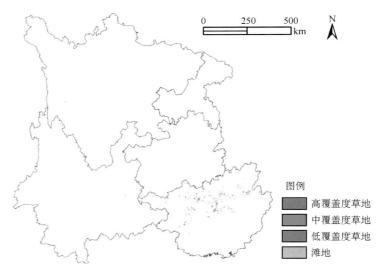

图例

高覆盖度草地

中覆盖度草地

低覆盖度草地

滩地

图 5-4　优化后西南五省(区、市)较适宜于木薯种植的土地类型空间分布

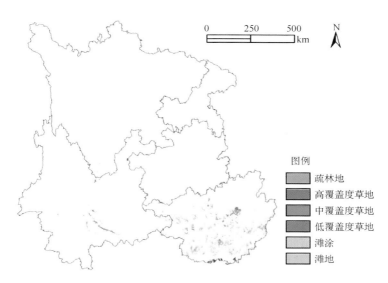

图 5-5　优化后西南五省(区、市)适宜于麻疯树种植的土地类型空间分布

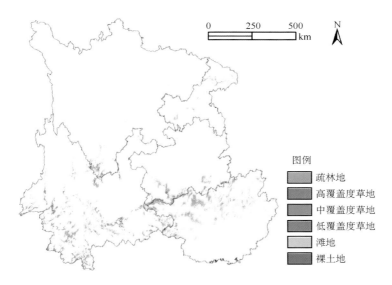

图 5-6　优化后西南五省(区、市)较适宜于麻疯树种植的土地类型空间分布

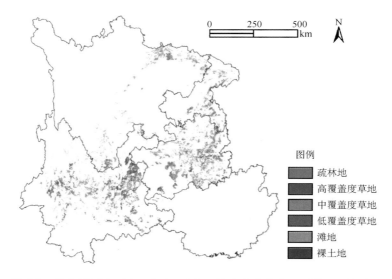

图例

疏林地

高覆盖度草地

中覆盖度草地

低覆盖度草地

滩地

裸土地

图 5-7　优化后西南五省(区、市)适宜于黄连木种植的土地类型空间分布

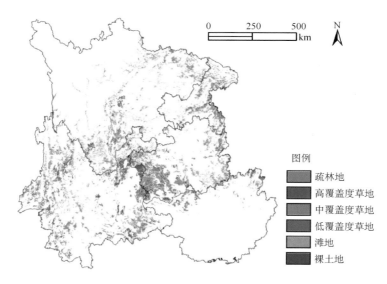

图例

疏林地

高覆盖度草地

中覆盖度草地

低覆盖度草地

滩地

裸土地

图 5-8　优化后西南五省(区、市)较适宜于黄连木种植的土地类型空间分布

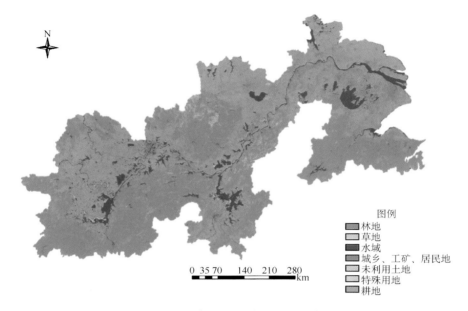

图 5-12　研究区土地利用图(2010 年)

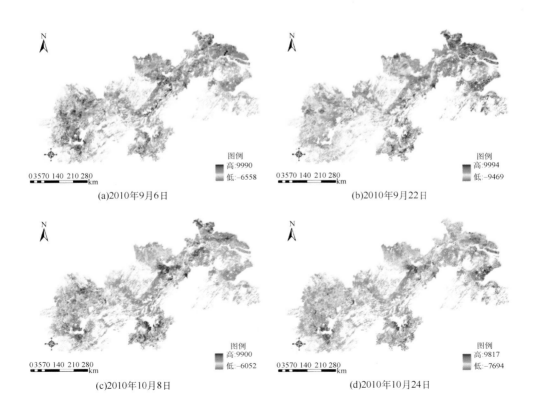

(a)2010年9月6日

(b)2010年9月22日

(c)2010年10月8日

(d)2010年10月24日

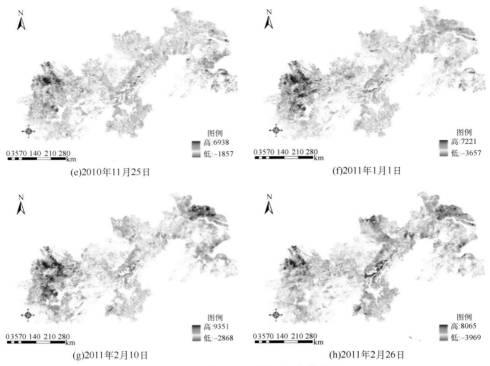

(e)2010年11月25日   (f)2011年1月1日

(g)2011年2月10日   (h)2011年2月26日

图 5-31 研究区 EVI 值时空变化情况

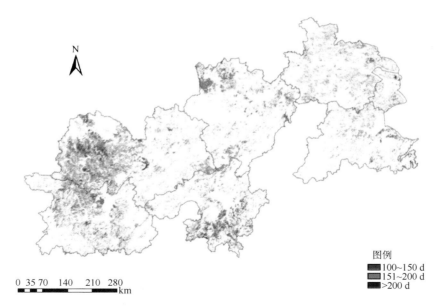

图 5-34 动态阈值法提取的冬闲田闲置时间

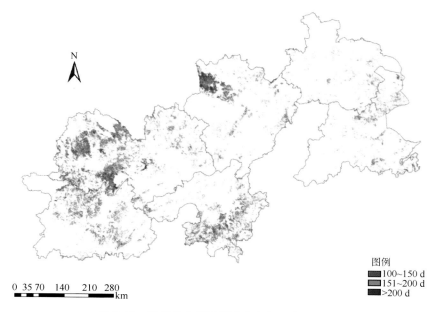

图例
100~150 d
151~200 d
>200 d

0 35 70　140　　210　280
　　　　　　　　　　　km

图 5-35　斜率最大值法提取的冬闲田闲置时间

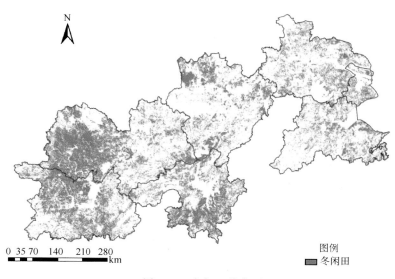

图例
冬闲田

0 35 70　140　　210　280
　　　　　　　　　　　km

图 5-37　冬闲田分布图

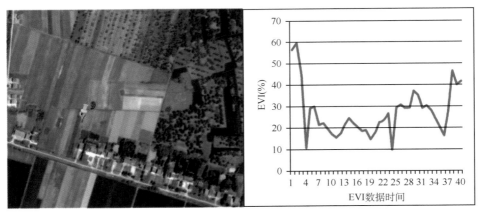

(a) 混合像元——耕地、林地与建筑用地

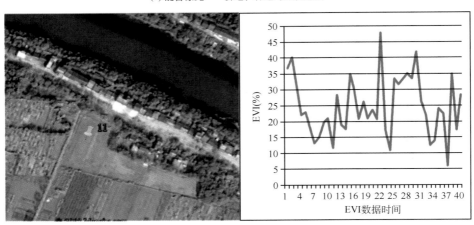

(b) 混合像元——耕地、建筑用地与水体

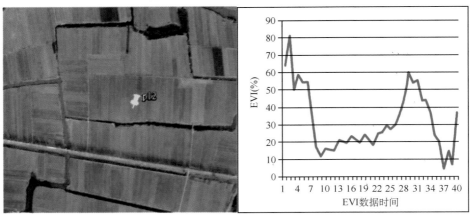

(c) 混合像元——冬闲田与越冬作物

图 5-36　混合像元

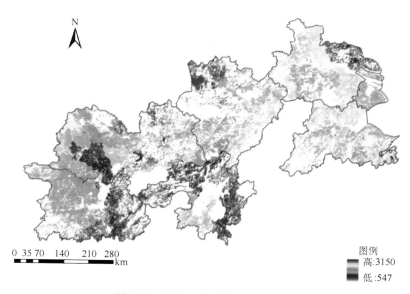

图 5-38　研究区内油菜籽产量分布

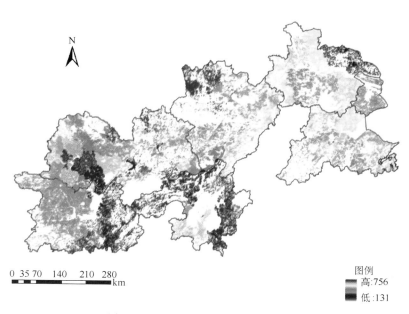

图 5-39　研究区内生物柴油产量分布

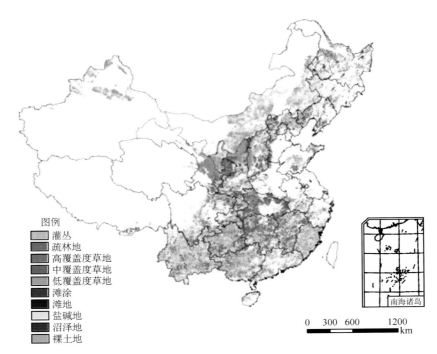

图例
灌丛
疏林地
高覆盖度草地
中覆盖度草地
低覆盖度草地
滩涂
滩地
盐碱地
沼泽地
裸土地

0 300 600   1200
km

南海诸岛

图 5-40　我国适宜菊芋宜能土地空间分布图

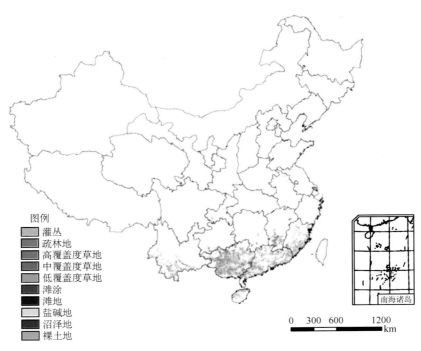

图例
灌丛
疏林地
高覆盖度草地
中覆盖度草地
低覆盖度草地
滩涂
滩地
盐碱地
沼泽地
裸土地

0 300 600   1200
km

南海诸岛

图 5-41　我国适宜木薯宜能土地空间分布图

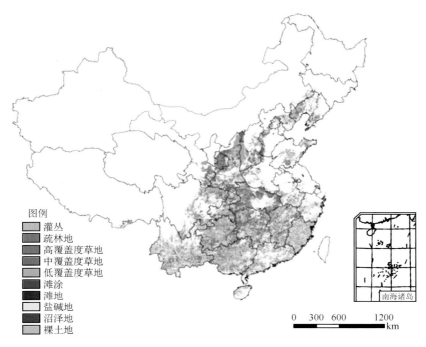

图例
灌丛
疏林地
高覆盖度草地
中覆盖度草地
低覆盖度草地
滩涂
滩地
盐碱地
沼泽地
裸土地

南海诸岛

0　300　600　　1200
km

图 5-42　我国适宜黄连木种植的宜能土地资源空间分布图

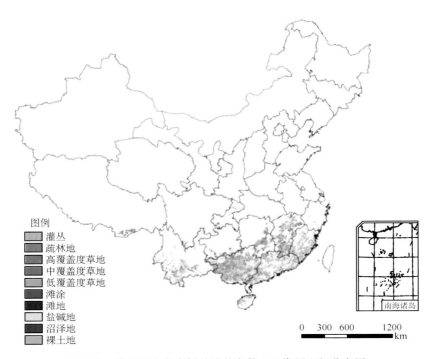

图例
灌丛
疏林地
高覆盖度草地
中覆盖度草地
低覆盖度草地
滩涂
滩地
盐碱地
沼泽地
裸土地

南海诸岛

0　300　600　　1200
km

图 5-43　我国适宜麻疯树种植的宜能土地资源空间分布图

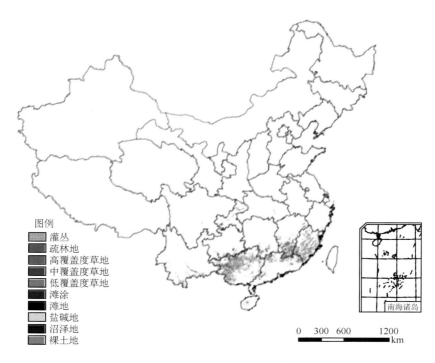

图例

灌丛
疏林地
高覆盖度草地
中覆盖度草地
低覆盖度草地
滩涂
滩地
盐碱地
沼泽地
裸土地

0 300 600   1200
              km

南海诸岛

图 5-44　我国适宜油桐种植的宜能土地资源空间分布图

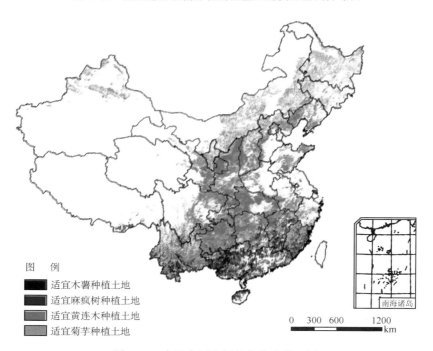

图　例

适宜木薯种植土地
适宜麻疯树种植土地
适宜黄连木种植土地
适宜菊芋种植土地

0 300 600   1200
              km

南海诸岛

图 5-45　中国主要能源植物的种植区划